2021年江苏省主题出版重点出版物
2021年全国高校出版社主题出版

内生之美

美丽乡村建设的核心逻辑

胡溢轩 童志锋 等 著

中国乡村生态文明建设实践研究丛书

丛书主编 ◎ 洪大用

河海大学出版社
HOHAI UNIVERSITY PRESS
·南京·

图书在版编目(CIP)数据

内生之美：美丽乡村建设的核心逻辑 / 胡溢轩等著.
-- 南京：河海大学出版社，2021.12
(中国乡村生态文明建设实践研究丛书 / 洪大用主编)
ISBN 978-7-5630-7336-8

Ⅰ. ①内… Ⅱ. ①胡… Ⅲ. ①农村生态环境—生态环境建设—研究—中国 Ⅳ. ①X322.22

中国版本图书馆 CIP 数据核字(2021)第 250315 号

书　　名	内生之美——美丽乡村建设的核心逻辑 NEISHENG ZHI MEI——MEILI XIANGCUN JIANSHE DE HEXIN LUOJI
书　　号	ISBN 978-7-5630-7336-8
策划编辑	朱婵玲
责任编辑	杨　曦 谢业保
特约编辑	王　敏
特约校对	蒋艳红
装帧设计	独好文化
出版发行	河海大学出版社
地　　址	南京市西康路 1 号(邮编:210098)
电　　话	(025)83737852(总编室) (025)83722833(营销部)
经　　销	江苏省新华发行集团有限公司
排　　版	南京布克文化发展有限公司
印　　刷	江苏凤凰数码印务有限公司
开　　本	787 毫米×1092 毫米　1/16
印　　张	13.75
字　　数	300 千字
版　　次	2021 年 12 月第 1 版
印　　次	2021 年 12 月第 1 次印刷
定　　价	62.00 元

总序

在河海大学出版社等各个方面的大力支持下，通过各位作者的共同努力，目前包含5本专著的“中国乡村生态文明建设实践研究丛书”即将正式出版，这是今夏潮湿闷热天气中的一缕清风，让人精神为之一振。作为丛书的主编，我觉得有必要先写几句，交代一下丛书的来龙去脉以及我在指导研究和编辑丛书过程中的体会，以方便读者审阅。

（一）

自从上个世纪90年代以来，我和我的团队围绕环境社会学做了一些研究，写了一批文章，也出版过几本书，有一点影响，但这些著作总体上是基于文献的理论研究或在抽样调查数据基础上开展的实证研究[①]。一直以来，我很想有机会就区域环境保护或者单项环保制度的实践开展更加深入、更接地气的案例研究，把学术之根扎进中国实践的“泥土”之中。特别是在党的十八大提出“把生态文明建设放在突出地位，融入经济建设、政治建设、文化建设、社会建设各方面和全过程，努力建设美丽中国，实现中华民族永续发展”之后，我的上述想法更为迫切。

2014年8月，我代表中国人民大学送选调生赴福建任职，得遇时任福建省委常委、宣传部部长的李书

---

① 例如《中国公众环境意识初探》（洪大用主笔，中国环境科学出版社1998年版）、《社会变迁与环境问题》（洪大用著，首都师范大学出版社2001年版）、《中国民间环保力量的成长》（洪大用等著，中国人民大学出版社2007年版）、《环境友好的社会基础》（洪大用、肖晨阳等著，中国人民大学出版社2012年版）、《生态现代化与文明转型》（洪大用、马国栋等著，中国人民大学出版社2014年版）等。

磊教授，他在交谈中说到福建省长汀县水土流失治理实践值得深入调查总结，这提示了我田野点的一个选择。在他的支持下，我很快带领龚文娟、范叶超、邓霞秋等人专程前往长汀开展预调研，后来在中国人民大学召开了专题研讨会，并在《福建日报》发表过相关文章①。当时，范叶超是一年级博士生，我就引导他把长汀县作为田野点，继续深入研究，为博士论文做准备。

与此同时，作为“四个一批”人才计划的入选者，我在2014年9月有幸获得“全国文化名家暨‘四个一批’人才自主选题资助项目”的申报机会。经过认真思考，我以《中国生态文明制度建设实践与评估》为题进行了申报，计划以福建长汀、浙江安吉和河北定州(县)等作为田野点展开研究。2015年8月，我赴浙江安吉开展了预调研，后又于2017年8月带领龚文娟、童志锋、胡溢轩、郭涵潇等人开展正式调研，并引导他们开展专题研究或积累博士学位论文的资料。同样是在2015年8月，按照自主选题的设计，同时也是为了接续李景汉先生开创、郑杭生先生拓展的定县社会调查传统，完成中国人民大学的重大科研立项项目，我带领团队成员赴河北定州开展预调研(后来又去过多次)，先后有黄家亮、陆益龙等教师和李阳、刘凌、杨峥威、何钧力、郝孟哲等在读博士生参加，我也期望他们中的一些人在参与完成定县再研究总任务的同时，

---

① 洪大用:《长汀县水土流失治理实践对推进生态文明建设的理论启示》,《福建日报》,2014年11月6日。

着重围绕定县的污染治理和绿色发展开展案例研究。

2018年，河海大学陈涛副教授申请到中国人民大学开展博士后研究，希望我作为指导教师。考虑到他有很好的学术基础和比较明确的、与我课题比较一致的研究目标，我很愉快地接受了。当时，我和他交流了制度/政策实践评估的基本思路，引导他就生态文明建设制度实践评估的方法论进行研究，并选择若干类型的制度实践进行深入的案例分析。尽管后来由于研究日程的原因，特别是2020年新冠肺炎疫情的影响，陈涛博士没能完成全部研究，但是其围绕水污染治理中"河长制"实践所展开的分析是有启发性的。在考虑编辑这套丛书时，我请他对以"河长制"为主题的博士后出站报告进行了完善，也将之收入了本丛书。

这样一来，目前收入本丛书的五本著作，都是在作者博士论文写作经历或者博士后出站报告基础上撰写的①，大体上都是围绕中国乡村生态文明建设实践的案例分析，有区域层面的多维度研究，也有聚焦小微企业绿色转型、居民生计转型或制度创新的专题研究。作者们共同遵循着"从实求知"的学术传统，努力通过鲜活的材料、社会学的视角来揭示并反思乡村生态文明建设的实践过程。这些成果构成了我和我

---

① 其中，《内生之美——美丽乡村建设的核心逻辑》一书，由我草拟了初步的写作提纲，原计划基于典型案例，深入分析美丽乡村建设的理论逻辑、历史逻辑和实践逻辑，特别强调揭示典型案例中的内生力量及其作用机制，阐述其对乡村绿色发展的一般意义。后来由于公务繁杂，我未能直接参与写作，只能对胡溢轩、童志锋等人提供一些指导性建议。

的团队环境社会学研究议程的新进展，我想通过结集出版的方式与更多的同仁分享。

（二）

胡溢轩、童志锋等人所著《内生之美——美丽乡村建设的核心逻辑》，兼顾历史视角与结构视角、制度视角与实践视角，立足于工业化、城市化、城乡关系演变等时空背景，梳理了中国乡村发展政策的演变过程、内在机理以及实践逻辑，总结了乡村发展的共性规律与多样化特征。在此基础上，作者们对浙江安吉的实践进行了深度剖析，指出其核心特点在于把生态文明建设放到突出位置，统筹了经济建设、社会文化发展以及基层治理，并将美丽乡村建设作为推动乡村发展的主要载体和深度延伸。比较有价值的是，作者们关注到了案例地区与外部社会互动过程中的自主性，特别揭示了乡村发展的内生动力及其作用机制，这是“安吉模式”的内核，也是可持续的乡村建设的基础。如果没有有效的内生力量集聚并发挥作用，美丽乡村建设最终只能是无源之水、无本之木，难以持久，甚至根本就难以开始。

范叶超所著《岁岁炊烟——中国乡村的日常生活与环境变化》，是对福建长汀案例的研究，这是一本有情怀、有深度、有新意的著作，是在案例地区生态保护实践基础上的一种理论叙说。其最为突出的特点是从更加宽广的历史视野考察环境与社会关系的演变，并选取了日常生活实践视角，分析了乡村环境退化的社会根源、乡村可持续性转型的社会干预路径、乡村居民的环境行动以及网络化时代乡村发展的环境后果。由此，作者指出“乡村环境变化并非是肇始于乡村社会现代化转型的一个从外到内、从无到有的突变过程，而是植根于乡村社会内部日常生活的一个长期的、连续的渐变过程”①，日常实践的再生产与变迁构成了乡村环境变化的社会动力，解决乡村环境问题、推进生态文明建设，需要关注实践导向的环境治理模式。该研究的一个更大理论抱负是试图超越中国乡村环境变化研究的“现代化解释框架”，作者认为这一框架“无法解释前现代中国乡村环境问题，放大了乡村发展与环境保护之间的对立，未能清楚阐释乡村居民在乡村环境变化中的能动性，并且对网络化这样一个宏大社会变迁进程提出的新课题缺乏合适的理论工具来拆解”②。

刘凌所著《大趋势下的小生境——农村小微企业绿色转型的案例研究》和李阳所著《重现的村庄——环境治理与居民生计转型》，都是针对河北定县的案例研究，其共同关注的是宏观层面的绿色发展趋势和日趋严格的环境保护政策在基层实践的影响，关注生态文明建设与其他领域建设的配套和协同。其中，刘凌侧重于从小微企业入手，分析其自主适应绿色发展行为的策略、过程、机制、影响因素以及风险。作者指

---

① 参见本丛书中范叶超著：《岁岁炊烟——中国乡村的日常生活与环境变化》，第 176 页。

② 参见本丛书中范叶超著：《岁岁炊烟——中国乡村的日常生活与环境变化》，第 177 页。

出，农村小微企业因应发展环境变化而自觉适度地调整其环境行为，创建了能在一定程度上既适应管制性环境政策又保证自身生存的小生境，推动了绿色转型取得阶段性进展。但是，由于反向驱动作用的存在，以及企业生存发展目标与环保改造目标之间存在一定程度的对立，环境政策的执行效果受到了约束，与预期的转型目标仍然存在距离。李阳的著作则聚焦于与居民生计密切相关的“散乱污企业”治理议题，关注“施害者兼受害者”这一主体参与环境治理的现实逻辑，分析了居民替代性生计方案的设计和实施、环境治理成本的合理分担、村庄原有权力结构和乡土关系等在促进环境治理中的作用，初步揭示了环境治理实践中的公平认知、表达及其实现机制。

前文已述，以上针对福建长汀、浙江安吉和河北定州的案例研究，是遵循我主持的课题研究计划开展的。我之所以选择这样三个案例点，除了机缘的因素之外，更多地是考虑到其各自的代表性。大体而言，三个案例点在经济社会发展水平、面临的环境问题类型、区域资源禀赋以及社会文化条件等方面都是有很大差异的。福建长汀的水土流失问题由来已久，其治理在最近的几十年中取得了显著进展，这是通过追求生态美以实现百姓富的一个典型案例；浙江安吉是经历环境污染、生态破坏之后，痛定思痛，利用区位优势和内生资源把绿水青山变成金山银山的一个典型案例；河北定州则是在快速工业化城市化进程中，不得不同时控制环境污染、谋求绿色发展的一个典型案例。我以为，对这三个案例的深入研究，可以更好、更全面地呈现中国乡村生态文明建设的多样化实践，揭示不同地区推进生态文明建设的个性与共性。与此同时，以上初步的研究成果也提示了我们不断拓展中国乡村生态文明建设研究视角的重要性。

我在指导上述三个案例研究的过程中，曾以不同形式对各位作者强调过以下几种视角，我认为运用好这些视角是很重要的。首先是历史视角。毫无疑问，环境与社会的关系是动态的、变化的，也是连续的，不同社会形态下的环境问题有不同的表现但也有彼此间的联系，只有把当下环境与社会的关系放在历史演变和发展的脉络中考察，才能得出更加科学合理的认识。其次是开放视角。当代乡村已经不是自给自足的封闭体系，而是更大范围体系的组成部分，甚至是全球体系的一个单元，是一个对外开放的系统。因此，分析乡村环境与社会的关系，必须关注乡村与外部社会的各种联系，包括人口的、环境的、经济的、技术的、信息的、政治的以及文化价值等方面的联系，没有对这些联系的认真研究就难以准确把握特定乡村环境与社会关系的实质。再次是整体视角。环境领域是与社会的各个方面密切关联的，要把一个地区的环境与资源、经济、社会、政治和文化等子系统综合起来考察，把环境保护制度与其他各项社会制度安排统筹考虑，不能孤立地看待和推进环境保护。第四是实践视角。也就是要一切从实际出发，关注环保制度/政策在复杂社会关系中的实践过程和效果，关注普遍性制度设计在实践中的再创造和变异，努力发展兼具共性与特色的最适切的制度，不能只局限于文本的分析、教条主义做法和简单的价值倡导。第五是辩证视角。要认识到社会中各种因素与环境关联的客观必然性，一分为二地看待社会中各种破坏或者促进环境保护的因素，不要简单地贴标签，而应实事求是地引导、转化或者预防，最大程度地发挥各种因素的积极作用，凝聚促进环境保护的最大力量。如此，我们才能在科学认识环境与社会关系、把握环境制度/政策实践的基础上，更有针对性、更加有效地推进乡村生态文明建设。

需要指出的是，陈涛所著《河流的承包——河长制的地方试验及其创新扩散研究》，并非是针对我所计划的三个案例点的研究，但是仍然属于该课题的一个有机组成部分，即对生态文明建设的制度/政策进行评估。党的十八大以来，特别强调了健全制度体系，为生态文明建设提供强有力的支撑。“河长制”无疑是生态文明建设制度的重要内容之一，这项制度的创造和推广，对于我国城乡生态文明建设都产生了很大影响。陈涛的著作基于田野调查和文献资料、网络资源等，对“河长制”的起源、创新背景及其扩散过程进行了比较深入的分析，同时也考察、检讨了该制度在推广过程中的一些变异现象，讨论了其有效发挥作用的基础原理和科学机制，强调了田野调查和对地方社会的“理解”在制度实践分析中的重要性。我相信，这类研究对于今后进一步考察乡村生态文明建设的制度创新和实践是有一定启发意义的。

(三)

毫无疑问，以上几本著作的完成是非常不容易的，对于初学者而言，尤其如此。尽管在研究一开始，我就努力与主要作者交流项目的整体设计，商量明确研究方向、调研地点、材料搜集范围和注意事项等，特别是在浙江安吉调研时曾经提出田野调查的八项要点：胸怀大局、有备而来、走村串户、“擒贼擒王”、顺藤摸瓜、眼脑并用、勤能补拙、团结协作，以此指导他们科学开展调查研究。同时，我也尽可能地与大家一起参加调研或者提供各种必要的支持。但是，研究者真正开展田野工作，各种困难常常还是预想不到的。长时间驻村入户，学会独自生活，克服语言障碍和家庭生活等方面的各种难题，这些倒不是主要的，最重要的是发现问题、分析问题的过程，往往是很痛苦的，我时常能够从他们的迷茫、困惑和吐槽中体会到这一点。

事实上，问题意识是科学研究的前提和基础，发现问题、提出问题、分析问题的能力在很大程度上决定了一项研究的质量。我在多年教学实践中发现，至少有三个方面的因素制约了学生问题意识的养成：一是越来越多的学生缺少社会经历，缺乏社会感，他们往往从学校到学校，在读书过程中“两耳不闻窗外事”，对于身处其中的社会现实缺乏必要的理解，其受教育的过程在一定意义上脱嵌于社会过程；二是信息技术的快速发展在很大程度上改变了学生认知和理解社会的方式，他们的想象能力得到拓展，但是也有使自己满足于、安身于、建构于虚拟世界的倾向，与现实世界有所脱节，甚至以虚拟替代现实；三是一些教师非常强调在学术发展的脉络中提出问题，而社会学是一门外来学科，一些教师指导学生读了不少书，养成了学生从概念到概念、从理论到理论的思维方式，这种训练对于知识传承无疑是重要的，但是弱于知识发展。这种模式下训练出来的学生，问题意识是有的，但是往往与中国实际相脱节，至少是存在一定的隔膜。实际上，问题源于实践，学术发展中的问题也不例外。只有参透问题的本质，直面鲜活的实践，并与实践中的人们深入交流，我们才能提出真问题、开展真研究。古人说“世事洞明皆学问，人情练达即文章”，这是很有道理的。对于社会科学研究者而言，具有真切的社会感，从社会自身提出研究问题，是走向成功的关键。从各位作者完成的研究看，他们在形成科学的问题意识方面得到了一定的锤炼。

我在指导作者们开展研究时常常遭遇的另一个问题是他们对于“理论”的纠结和迷茫。有些作者反映，他们面对看到的社会现象、搜集到的研究资料，总是找不到合适的“理论视角”，而一些专家在评阅其研究成果时往往也会提出诸如理论视角不够清晰、理论提炼不够深入、理论与材料“两张皮”之类的意见。这里至少反映出两个方面的问题：一是研究者对于“理论”的误读，把“理论”过于抽象化、神圣化。事实上，理论的本质是论理，是符合逻辑地讲道理，是用这种方式揭示现象背后的规律性，代表着超越感性认识的理性认识和超越特殊的一般表达。理论形成的过程就是通过比较、求同、析异、推理、概括（概念化、形成命题）等方式而不断去粗取精、去伪存真、接近真理的过程，这是任何研究的一个自然过程。因此，所谓“理论”的困境不过是研究不深入、不细致的一种表现而已。二是我们有些教师在教学过程中存在着过于强调既有理论知识的学习、把理论学习当作理论建构的倾向，对于理论的本质以及不同理论背后的观念、思想揭示不够，对于理论与实际相结合强调不够，对于理论思维和理论建构方法的训练不够，这样讲授的社会学理论，学生学得再多、背得再熟、考得再好，也是不会实际运用的，至于创造和建构新理论的能力，则更是罕有。我们的理论教学需要适当的专门课程，但是专门到了与实践脱节的程度，就很难真正训练出学生的理论思维和理论能力了。所以，我总是鼓励研究者，到实践中去，把事情弄明白，把话说清楚，遵循论理的规则，努力超越特殊达成一般的认识，这就是理论思维的训练，就是朝着理论建构的努力。简单地拿着本本、教条去翻检研究所需的“理论视角”，这种偷懒的做法可能是方法上的误读和程序上的颠倒，实际上对理论创新和发展有很大的限制，对研究成果的质量也必然构成一种制约。我想，本丛书的作者们在研究实践中应该对此有所感悟。

收入本丛书的几本著作，都是针对当下中国生态文明建设实践的，体现了鲜明的实践导向，这也是我长期坚持的指导学生开展研究的一种导向。从我指导第一篇硕士学位论文开始，我的绝大多数学生论文选题都是围绕中国现代化实践中各种现实议题的。实践观点是马克思主义的基本观点，是马克思主义社会研究的出发点和落脚点。马克思主义的唯物史观认为“全部社会生活在本质上是实践的。凡是把理论引向神秘主义去的神秘东西，都能在人的实践中以及对这种实践的理解中得到合理的解决”[①]。我一直认为，一切从实际出发，理论联系实际，实事求是，知行合一，学以致用，是研究者所应坚持的基本立场。一百年来，中国共产党领导中国人民在革命、建设、改革和奋进新时代的实践中作出了伟大创造，“推动物质文明、政治文明、精神文明、社会文明、生态文明协调发展，创造了中国式现代化新道路，创造了人类文明新形态”[②]。但是相对而言，我们知识界对这种伟大创造的理论认识、总结和传播还不够，突出体现在中国特色哲学社会科学话语体系的世界影响力还不够。这当中，一个非常重要的原因就是哲学社会科学研究的实践导向还不够有力，以我们正在做的事情为中心开展学术研究的意识还不够强，面向实践的研究成果

---

① 马克思：《关于费尔巴哈的提纲》，载《马克思恩格斯选集（第一卷）》，中共中央马克思恩格斯列宁斯大林著作编译局编译，第135-136页，人民出版社2012年版。

② 习近平：《在庆祝中国共产党成立100周年大会上的讲话》（2021年7月1日），新华社北京7月1日电。

水平还不够高，往往是知识复制、传播胜于知识创造。应该说，中国社会学有着相对突出的主体意识，有着重视实践、从实求知的优良传统，并发展出一系列观察、分析中国社会现象的理论、方法和技术，很多优秀的社会学家都以研究和解决中国实际问题为己任，并在这种工作中成就了自己的事业。我们有责任传承并发扬光大中国社会学的优良传统，在面向实践、服务实践、创新实践中不断发展中国社会学。当然，这本身也就意味着实践导向的社会学并不完全等同于解决问题的社会学，它在研究和解决实际问题的过程中也努力发展出具有一般意义的理论、知识和方法，推动社会学学科体系、学术体系和话语体系的发展，不断扩大中国社会学的国际影响力。

问题意识、理论思维和实践导向，是研究者在研究实践中不断提升的综合素养，几乎没有人能够一开始就做得很好，但是需要有持之以恒的自觉行动。我感到比较欣慰的是，参与本丛书写作的各位作者，都体现了比较自觉的努力，他们的成果是中国环境社会学研究最新进展的组成部分。不过，他们的著作还是练习之作，在崭露头角的同时还略显青涩，是与同行交流、彼此互鉴的一个靶子。各位作者在书中也就其不足与缺陷做了相应说明，欢迎读者们不吝批评指正，以便日臻完善。客观而言，诸如研究问题不够聚焦、分析视野不够宽阔、材料组织不够精炼、理论思维不够细致、论证过程不够严谨、观点提炼不够到位、学术对话不够充分等不足，在不同作者的写作中确有这样那样的体现，特别是有的著作仍有比较大的持续改进空间。至于作者们的研究成果对于实践的服务和指导作用，尚待观察。这里情况很复杂，既取决于相关研究发现的政策适切性，也取决于成果转化的实际过程，需要靠时间和实践来不断检验。但是，我相信学术研究是一种修行，只要自信自省、持之以恒，日积月累必有精进，必能学以致用造福社会。

(四)

江山代"须"才人出。一代人有一代人的使命和责任，中国环境社会学的未来发展需要更多年轻人脱颖而出。自从上个世纪90年代中期中国环境社会学的学科意识萌生以来，在中国社会学会的大力支持下，通过全国各相关教学科研单位同仁的共同努力，中国环境社会学快速发展，在中国社会学共同体中的地位日益巩固、影响不断扩大。但是，整体上看，中国环境社会学还是比较弱小的分支学科，相比于中国社会学共同体的快速发展、中国特色社会主义新时代的要求和快速推进的生态文明建设实践，还有很大差距。我衷心期望越来越多的年轻人奋发有为，拥抱中国环境社会学的新时代，创造中国环境社会学的新时代，在推动学科高质量发展中成就自己的事业，服务于党和国家事业发展的需要。

中国环境社会学的新时代是我们面对着更加充分的环保社会共识的时代。党的十九大提出，"中国特色社会主义进入新时代，我国社会主要矛盾已经转化为人民日益增长的美好生活需要和不平衡不充分的发展之间的矛盾”,“人民美好生活需要日益广泛,不仅对物质文化生活提出了更高要求,而且在民主、法治、公平、正义、安全、环境等方面的要求日益增长”①。从不断普及的环境知识、不断强化的环境保护意识、不断提高的环境质量要求、不断增加的环境维权和风险规避行动、日渐普遍的自觉环保行为、日趋活跃的民间环保团体等方面看,更大力度、更加有效地加强环境保护、推进生态文明建设,为人民群众创造更多优质的生态产品和更加舒适的生活环境,已经有了更加广泛的社会共识,由此也更加凸显出加强中国环境社会学研究的迫切性和重要性。

中国环境社会学的新时代是我们面对着更加充分的环保政治共识的时代。可以说,党和国家一直重视推进环境保护,但是今天有着更加高远的战略站位、清晰的“人与自然生命共同体”意识、系统的生态文明思想指导、坚定的“人与自然和谐共生的现代化”导向、明确的工作目标规划、扎实的系列制度建设和有力的持续推进举措。党的十八大以来,在习近平生态文明思想指引下,生态文明建设放在了关乎党和国家事业发展、人民福祉与引领文明发展新方向的更加突出的地位,越来越深入地融入经济建设、政治建设、文化建设、社会建设各方面和全过程,成为中国特色

---

① 习近平:《决胜全面建成小康社会,夺取新时代中国特色社会主义伟大胜利——在中国共产党第十九次全国代表大会上的报告》,参见中国政府网:http://www.gov.cn/zhuanti/2017-10/27/content_5234876.htm。

社会主义事业总体布局的有机组成部分。随着政治共识的深入贯彻，各级党委和政府，各个部门，各条战线，都前所未有地重视推进生态文明建设，习近平生态文明思想正在全国各地落地生根、开花结果，这是中国环境社会学最为鲜活、最为丰富的研究对象。

中国环境社会学的新时代是我们面对着环保政策设计更加重视环境社会治理的时代，这是体现出新的环保政策共识的时代。十八届三中全会提出国家治理现代化的命题之后，驱动了各条战线、各个领域的治理变革。十八届五中全会通过的《中共中央关于制定国民经济和社会发展第十三个五年规划的建议》明确提出要“以提高环境质量为核心，实行最严格的环境保护制度，形成政府、企业、公众共治的环境治理体系”。党的十九大报告提出“坚持全民共治、源头防治”，“构建政府为主导、企业为主体、社会组织和公众共同参与的环境治理体系”。2020年，中办、国办联合印发《关于构建现代环境治理体系的指导意见》，进一步明确提出了“构建党委领导、政府主导、企业主体、社会组织和公众共同参与的现代环境治理体系”，“到2025年，建立健全环境治理的领导责任体系、企业责任体系、全民行动体系、监管体系、市场体系、信用体系、法律法规政策体系”，“形成全社会共同推进环境治理的良好格局”。显然，在持续推进国家治理现代化的进程中，环境治理体系的现代化越来越多、越来越深地包括了社会治理的内涵，出现了新的政策共识。这已经催生了相关的一些研究和专业组织，集聚了一些专业人才，形成了初步的政策路线图和工作重点。我想，环境社会治理是中国环境社会学理应作出贡献的重要领域。

最后，中国环境社会学的新时代也是我们在已有学科发展基础上阔步迈向环境社会学高质量发展的时代。回顾过去二十多年，中国环境社会学在学术组织建立、学术交流制度建设、专业研究机构建设、科学研究、人才培养、社会服务、国际交流等多个方面都取得了不错的成绩，从事环境社会学教学与研究的人越来越多，科研成果发表的数量和质量不断提升，研究领域不断拓展和深化，奠定了进一步发展的良好基础。面对新形势新需求新挑战，继续加快发展中国环境社会学的意义不言而喻，条件和机会也是显而易见的，当下最关键的是要强化质量意识，不断推进中国环境社会学的高质量发展，不断提升中国环境社会学服务支撑生态文明建设实践的能力。这就要求我们在继续深化环境社会学基础理论与方法研究的基础上，更加深入地扎根中国生态文明建设实践，坚持以人民为中心的立场，保持建设性反思精神，扎实工作，深入交流，在互鉴互学中共同进步。特别是，我们期望广大青年学者能够勇担使命，严于自律，快速成长，争做中国环境社会学高质量发展新时代的主力军。

（五）

行文至此，作为一篇序言，似乎已经有些冗长了，该收尾了。我想，读者如果能够耐住性子读完，应该会对本丛书的来历，以及编辑出版本丛书的初衷、考虑和体会等方面有所了解。其中，我在指导研究过程中的一些感悟、想法，如果能够引起读者的一些共鸣，或者激发出读者进一步开展环境社会学研究的兴趣，推出更高质量的研究成果，那我就倍感欣慰了。

最后，我要感谢各个方面为我们团队开展调查研究所提供的宝贵支持，特别是要感谢福建省龙岩市委宣传部和长汀县的有关同志，感谢浙江湖州市和安吉县有关部门的同志，感谢河北定州市委市政府和有关部门的同志。我还要感谢“全国文化名家暨‘四个一批’人才自主选题资助项目”和中国人民大学科学研究重大规划项目“中国农村社会变迁与治理转型——河北定县农村百年演变的调查研究”的立项支持，本丛书也是这些项目实施的成果之一。本丛书能够顺利出版，得益于各位作者的积极工作，得益于江苏省委宣传部的大力支持，在此一并致谢！

中国人民大学
社会学理论与方法研究中心教授 洪大用

2021年8月13日于北京

目　录

图表索引

第一章 美丽乡村建设的时空背景

绿色发展和生态文明建设与人居环境的关系最直接，与经济社会发展的关系最密切。兴县富民需要走美丽乡村建设的道路，营造良好的生态环境，建设美丽的绿色家园，发展高效的生态经济，最终实现生态文明与物质文明、政治文明、精神文明、社会文明协同发展。在中国乡村现代化转型过程中，乡村社会的内外部环境存在着较大的不确定性，因此村庄在发展中需要面对不断涌现的新问题，这就意味着不可能存在一个“万能”的发展模式。农村发展不能忽视乡村社会所具有的变通性、乡土性和难以量化的特殊情境，而应因地制宜地结合各地各村庄的自然、社会以及人文特征，尤其需要针对不同的问题进行具体分析。

美丽乡村建设的“安吉模式”就是一种在尊重当地农村的特殊性、复杂性、多样性等基础之上，经过长期互动实践而形成的发展模式。安吉县在探索与实践美丽乡村建设的过程中，实现了空间拓展性与时间延续性的辩证统一。本章将通过分析工业化、城市化发展进程中的乡村建设路径，来呈现美丽乡村建设的历史进程；通过分析新农村建设到乡村振兴的政策演变过程，来解读美丽乡村建设的时代背景；通过分析中国城乡关系演变的动态以及中国不同地区的乡村建设，来描绘美丽乡村建设的中国图景。

第一节
美丽乡村建设的历史进程

根据中国自古以来不同时代特征和区域特征，中国乡村衍生出许多有关乡村建设、兴农惠民的改革举措。早在三皇五帝的原始部落时期，各地区就开始出现类似农业管理的雏形。如浙江的良渚地区，当时就已经有了严格的等级制度，并出现了手工业等工种的分工（刘斌 等，2020）。早期在农业生产基础上逐渐发展出乡村管理制度，如从西周开始至隋朝的“乡亭制”（沈颂金，1999），亭负责管理十个村落组成的里，涉及治安等事务，一个乡又由十个亭组成，所谓“十里一亭、十亭一乡”；秦国商鞅变法时期“乡里”下面还有“什伍”；隋至北宋中期，又有乡里“职役制”；北宋中期之后有著名的“保甲制”；清末有“乡村自治”制度（王伟光，2006：56-62）。从总体上看，中国传统文明始于乡村，即以农业文明为基础的社会，相对而言，城市的发展则较为缓慢。在广大的乡村地区，农业和手工业相结合，使得农村地区得以独立于城市的工商业系统而生存，并激发了小农经济强大的生命力。本节将从历时性的角度，分析民国时期、中华人民共和国成立至税费改革时期、税费改革以后三个不同时期的乡村建设情况，以此来把握美丽乡村建设的历史进程。

一、民国时期的乡村建设

乡村建设是一场将传统乡村转变为现代乡村的社会“重建”运动。民国时期中国乡村社会开启了“重建”进程，之后经历了漫长的转型，逐渐从传统乡村社会演变为现代乡村社会。例如民国时期轰轰烈烈的乡村建设运动：早在1902年，河北的米鉴三和米迪刚父子就提出要改革乡村，他们作为当地的望族，试图通过普及乡民教育等方式来推动改造乡村的历程（张富利，2014）。在20世纪二三十年代国民政府还开展了救济乡村的运动，并组织了有关机构来推动实施。其中，较有影响力的主要是梁漱溟、晏阳初等人所倡导的乡村建设运动。

梁漱溟所提倡的乡村建设运动，有一套完整的理论和实践方案，但理论与实践方面的努力并未取得成功。梁漱溟注重兴办乡学，认为原有的旧乡村管理体制已经不适应当时社会的发展，需要构建新的乡村管理体制，否则就会让乡村乃至整个社会陷入混沌模式。按照当时发展的语境，中国的乡村建设应当是“乡村救济”（梁漱溟，2006：9），而之所以要开展乡村救济，在于当时一系列“入侵”乡村事件对乡村产生了巨大的破坏作用。这些破坏主要是天灾和人祸，天灾以洪涝干旱为主，人祸则是以苛捐杂税、兵祸匪乱为主，各方媒体也争相报道此类事件。当时的乡村面临着重大的经济问题，需要政府和银行等部门进行救济，再加上当时的乡村组织松散，安全和生活问题自然摆在乡村发展的首位。因此，“乡村救济”正是试图从安全和生活这两方面去帮助农民。面对外部环境对乡村内部的破坏，若想要“重建”饱受匪乱困扰的乡村，就必须鼓动所有人团结起来捍卫自己的利益。当时的乡村事件对乡村的破坏具有经济、文化、政治等属性（梁漱溟也指出，这种将对农村的破坏分为“政治、经济、文化”三类的分法不是很科学，因为教育既属于人文，也属于国家层面行政管理类，所以这三类在很多时候是相互交叉的）（梁漱溟，2006：10）。乡村被“破坏”，固然在某种程度上是帝国主义侵略所致，但当时中国人自身的行为也是诱因之一。从今天的角度来看，这所谓的“破坏”，也包含了现代工业化所导致的必然结果，其中有负面的，也有积极的，不能一概而论。

梁漱溟还指出，破坏分为两个时期，前半期是清朝同光时期到欧洲大战（一战），后半期是欧洲大战（一战）到“现在”（南京国民政府时期）（梁漱溟，2006：11）。当时日本工业较为发达，城市建设良好，因此可以救济农村；但是当时的中国没有日本的工业底子，也没有好好建设的意识，这必然导致不可避免的破坏在乡村上演。除了之前提到的天灾人祸，“最大的原因在于自身陷于分裂冲突，不能凝结为一个力量以对外”（梁漱溟，2006：13）。政治上的分裂必然导致最基层的乡村无法正常建设，唯有统一的政权才是保证乡村建设的政治保障。民国时期长期的军阀混战，政令无法贯彻落实，互不相同的政权必然导致行政命令上的排斥性。同时，不同政权之间产生的纠纷也会殃及基层组织，“乡村乃落于纯被牺牲地位”（梁漱溟，2006：14）。

中国乡村本身会受到各种因素的影响，产生这种现状的原因也与乡村内部的主体即农民本身的“组织结构”和“集体生活”两方面欠缺有关。民国在清朝之后，将延续千年的制度顿然“废之”，但是新制度又没法完好地构建起来，因此遗患无穷。在中国传统乡村，维持稳定繁荣的家庭生活符合农民的基本利益，任何破坏小家庭与基本生产单位的社会行为，都会受到以乡村为单位的群体的反抗。具有实际利益的社会变革运动不可避免地与农民利益产生冲突，形成敌对关系，这体现了“改革者”与整个传统之间的冲突。如果想从根本上“消除”乡村社会旧有的状态，并建立一个巨大的“统一体”，在当时的环境下似乎不太可能实现。

此前，乡村的民众没有走向竞争与兼并的道路，而是维持着“不合作”的生计模式。倘若开展合作，乡村民众必然会互相帮助、互相依赖，这有助于解决总体规划组织和农民的生存问题。如对农民进行“培训”，建立合作社并致力于消除社群混乱与疾病瘟疫。这些设想看似合乎逻辑，并且好像实际上也在为农民的利益而努力，就家庭经济单位而言，这些也都是长效的投资与收益。然而农民最关心的并不是长期总体收益，而是直接的家庭收益。在中国高度分散的乡村社会中，如果组织有序的乡村社会建设不能立即使农民家庭受益，那么构建所谓的“合作社”也会显得不现实，所以当时的乡村建设需要通过乡村学校组织各种“合作社”，引导农民适应集体生活。“合作社”可以组织农民参与建设，但不能过分强调经济方面的利益，而要以构建永久性的社会改善机构为宗旨。就乡村建设的根本利益而言，“进步”肯定不能仅仅体现在经济的进步，而是要体现在社会生活的整体进步。

在当时，有必要培养农民新的、健康的生活习惯，让他们学会承担责任并意识到公共福利的好处。1933 年初，山东省政府将邹平设为县政建设第一实验县，同时制定《村学乡学须知》，成立村学，而后再设立乡学（陈廷湘，2015）。上述乡村建设理论和大量工作总结表明，梁漱溟所倡导的乡村建设运动，是一场包罗万象、具有重生意义的乡村重建运动。然而当时试图建设的计划细节与现实存在着不符之处，村民不可能“自觉地”采取行动，而且组织者无法解决农民真正关心的事情，如减少税收与分配土地。“乡村救济”总体上失败了，未能立竿见影地造福农民家庭，还侵犯了农民的现实利益。各个合作社在形式上有差异，但它们的运作规则是相似的，一旦作为组织的合作社在凝聚力上不断加强，就能给在组织之内的农民家庭带来直接且实际的利益。虽然以上只是一些例子，但这些案例在逻辑上具有很强的代表性，这与中国乡村长期传统生活方式的演变方向有较强的一致性。在经济基础薄弱、无法使农民感受到立竿见影的受益的情况下，中国的“乡村重建”无疑是非常困难的。

除了梁漱溟的乡村建设运动，晏阳初在河北定县推行的“平民教育运动”也颇具特色。晏阳初早年在国外求学，回国后深感中国的乡村建设存在很大问题，主要问题在“愚、穷、弱、私”。为了根治这“四大病根”，他先领导组织识字教育，然后结合“生计、文艺、卫生和公民”四大教育，最后扫除文盲，树立“新民”理念，并于 1930 年在河北定县设立“平教会”（平民教育总会）试验区，从原先的平民教育模式演化到乡村建设（李友梅 等，2020）。平教会到了定县之后，实地考察，认真总结，将乡村建设的目标从原先的“十年计划”更改为“六年计划”，并聘用了许多农学家来参与指导辅助，帮助乡民们改进生产技术，推广新型的农业生产方式。但是由于当时外部大环境的问题，晏阳初等人虽然在定县付出了十数载的心血，依旧没能挽回定县乡村的衰败。

此外，1937 年燕京大学社会学系教授杨开道在其著作《中国乡约制度》中，全面阐述了乡村建设中乡约制度的起源、发展、得失，为乡村重建的实践提供了理论依据，探索出具有中国特色的乡村治理之道。他写道："乡约制度是中国古来昔贤先觉建设乡村的一种理想，一种试验。他试验过多少次，有时成功，有时失败，然而理论一天一天地完成，工作一天一天具体，整个实现，整个成功的时机大约也快了。"（杨开道，2015：自序）杨开道是从"地方共同社会和组织"的视角出发看待乡约制度，所谓地方共同社会就是营建共同生活的环境，明确共同的生活目的，并制定共同的事业目标。而这些保障都来源于组织，只有构建起荣辱与共、休戚相关的组织，才能使乡村成为一个整体，才能互相依赖成为一个共同体，并立足于社会（徐其龙，2020）。

总之，因其时代和构想本身的局限性，民国时期的这些乡村建设运动都没有成功，收效甚微。加上连年的战乱，很多运动也只能无奈中断。但上述构想也并非一无是处，它为后人继续开展乡村建设提供了思路，拓宽了视野，为后世乡村振兴提供了宝贵的历史财富。

这一时期中国社会正面临着内忧外患的局面，国家政权建设开始向乡村渗透，但清末的"地方自治"、民国时期的"新县制"等种种尝试改变传统乡村社会结构的行为均以失败告终。在这一过程中，国家以派驻正式行政机构或直接扶持代理人的方式极力从乡村社会中吸取更多的发展资源，导致乡村社会的进一步衰败以及国家合法性的丧失，最终引发了国家政权建设的内卷化问题。

二、中华人民共和国成立至税费改革时期的乡村建设

在 20 世纪二三十年代，早期的中国共产党人就开始对乡村中的合作社形式进行了理论研究和宣传，毛泽东也对该模式感兴趣并且参与了谈论（陈意新，2001）。在此后的历次会议和讨论中，中共中央以及地方都一再重申了合作社对于乡村建设的重要性和必要性，并颁布了一些决议和草案，深入探讨了如何兴办（合作社）的原则与方法。20 世纪 30 年代中后期，苏维埃政府颁布了有关合作社的相关组织条例等，鼓励快速发展合作社。当时的乡村民众在原有的个体经济基础上，相继构建了不同形式的合作组织，"据 1934 年 2 月统计，仅半年时间，中央苏区消费合作社由 417 个增至 1 140 个，粮食合作社由 457 个增至 10 712 个，生产合作社由 76 个增至 176 个"（葛文光，2008）。抗日战争爆发后，陕甘宁边区与晋察冀抗日根据地，合作社运动依然在如火如荼地进行，并且已经初具规模，"据晋察冀抗日根据地的统计，1938 年全区有 14 个合作社，1940 年猛增到5 056 个，到 1945 年抗战胜利时，合作社已发展到 7 401 个，社员 112.8 万人，股

金1.38亿元”(葛文光,2008)。解放战争时期,除了合作社继续得到发展外,土改运动成了推动乡村发展的又一助力器。土改运动从根本上解决了乡村的土地分配问题,保障了乡民的权益,也为解放战争的最终胜利奠定了坚实的后勤基础,同时也很好地揭示了此前南京国民政府主导的乡村建设运动为何无法取得成功,“通过丈地评产,中共以此为契机改造了乡村社会,提升了农民参与乡村事务的积极性”(岳谦厚 等,2020)。

农业是乡村之本,只有切实提高了生产力,改革了生产关系,才能更好地建设乡村。中华人民共和国成立后,为了让乡村尽快恢复生产生活,国家层面确立了优先发展重工业的方针,进一步推动乡村的“合作社”运动。国家力量主导了乡村建设,主张走“农业集体化道路”,一方面是为了更好地适应社会主义建设的需要,另一方面是因为集体化的道路能更好地通过促进兴建水利和改良品种等来发展农业本身。到了1956年,乡村迅速地实现了合作化,但另一方面针对管理协作等层面出现的问题,党和政府切实地提出了相应的改革方式,由“包工包产”转变为“包产到户”①。到了1958年,中共中央又出台了《关于在农村建立人民公社的决议》,“到1958年9月底,仅一个多月的时间,72万多个农业合作社就合并组建了26 425个人民公社,参加农户数量已经占全国农户总数的98.2%。从人民公社的规模来看,平均28.5个合作社、即4 500个农户合并为一个公社”(王伟光,2006:126)。当时合作化程度大幅度提高,一方面缓和了原先小农经济与工业发展之间的冲突,且有财力、物力、人力兴办公共食堂等公益设施,但是另一方面“又产生了经济效率低、城乡隔绝与农村经济发展不相适应等新的矛盾”(王伟光,2006:127)。

在改革开放之前,农民与土地的联系更为紧密,乡村地区的所有农业剩余价值都通过统一的购销渠道流入城市。在众多的乡村建设模式中,较为典型的是“大寨式”农村发展模式。大寨大队隶属于山西省昔阳县,经过十几年的辛苦建设,终于建成了颇具特色且高规格的农田水利基本设施。同时当地积极倡导农业技术改革,实现了多种经营模式相结合,进而在山西省乃至全国掀起了学习“大寨”的新风潮②。各地向大寨模式学习,积极促进农业技术革新,在落实大寨精神的同时结合本地区的特色,针对性地克服各种恶劣的自然环境和不良条件,努力改造原有乡村落后的面貌。总体而言,这个时期取得了令人瞩目的成就,在全国范围内实现了土地公有制,创造了许多独特的发展形式,乡村也逐渐适应了新的发展模式。在农村社会的封闭环境下,国家对农

① 邓子恢:《在全国农村工作部长会议上的讲话》,载《建国以来农业合作化史料汇编》,黄道霞等主编,第347-350页,中共党史出版社1992年版。

② 《大学大寨人的精神 大建大寨式的农田 把全省农田建设新潮推向高峰》,《山西日报》,1964年12月12日。

村社会进行了全面改造，通过建立起“三级所有，队为基础”的体制实现了对乡村社会的全面介入。全能主义国家形态的确立，暂时结束了中华人民共和国成立前乡村社会发展的内卷化危机，国家很好地完成了对乡土社会的改造并将农民有效地组织起来。在新的乡村社会形态下，村庄、农民和国家之间的权利义务关系发生了重要转变，国家成功地在乡村社会中构建了合法性权威，并实现了对乡村社会的全面介入。但也应看到，由于这一时期国家包办了一切，农民的生产生活积极性不高，乡村发展陷入了机制僵化、生产效率不高、经济发展缓慢等种种困境之中。

改革开放以后，乡村实行家庭联产承包责任制，乡村建设又逐渐焕发生机。解决“三农”问题在改革开放初期是乡村建设工作中的重中之重，“中共中央在1982—1986年连续5年发布以‘三农’为主题的中央一号文件，对迅速推进的农村改革（家庭联产承包责任制、农业合作化、土地承包、统购派购）进行总结，重视农业生产及其制度革新”（叶超 等，2019）。这种对乡村的改革方式很大程度上让乡村的民众重新为“自身”的经济诉求而努力。这种模式并不是在试图对“土地公有制”提出挑战，而是建立在公有制的基础上进行改良，改变原先较为粗放的以工业化为主导的生产模式，激发农民以个体为生产单位但不同于原先的小农经济且更具有活力的新型生产模式。之后的几十年中，乡村建设以经济发展为主导，农民人均收入翻番，生活水平显著提高，不少落后的乡村摘掉了贫困的帽子，生活充满积极性。同时城乡一体化进程也逐渐开展，并取得显著成就。

应当注意到，针对这一时期的乡村发展，也有学者进行了不同的思考。戴慕珍（Jean C. Oi）等人（1999）敏锐地观察到在中国的传统体制下，乡村社会治理主体之间形成了“保护—依附”的互动关系，认为在乡村社会中那些处在较高层次的人会通过权力以及资源分配的方式来换取低层次的人所提供的忠诚、支持和服务。但随着地方政府和基层干部不断加大对乡镇企业、土地承包以及税费征收等新的权力和资源的掌控力度，基层政府、村民自治组织以及村民之间的利益冲突凸显出来。总而言之，随着国家层面对“政社合一”的人民公社体制的否定，“乡政村治”成为国家理想的制度设计且在全国范围内得到推广。这一时期我国已从“总体性社会”的框架中解脱出来，国家层面对乡村发展的思路呈现出由总体性支配朝着现代化的技术治理转变的趋势（渠敬东等，2009）。

三、税费改革以后的乡村建设

在经历了20世纪90年代的“农业和乡镇企业并举战略”和20世纪末、21世纪初的“农业结构调整、减负增收和小城镇战略”后，2004年中央再次发布了有关“三农”问题的文件。面对前一阶段乡村发展中出现的种种问题，国家于2003年推动了农村税费改革，取消了农业税，并于2006年在全国范围内取消了农业税。这在一定程度上减轻了农村的生活负担，也有效缓解了紧张的干群关系。周黎安等学者认为，税费改革是继包干到户以来的又一重大农村制度创新与实践，将大大有助于农民的"增收减负"(周黎安 等，2005)。随后国家采取了以"项目制"为代表的技术治理路线，项目制的推行在一定程度上缓解了基层政府的财政困境。在此背景下，为了推动农村生产、生活的进一步发展，美丽乡村建设应运而生。

2005年，中国共产党第十六届五中全会提出，建设社会主义新农村的重大历史任务有"生产发展、生活富裕、乡风文明、村容整洁、管理民主"等具体要求。这个说法其实早在20世纪50年代就已经提出过，到了80年代初，"建设社会主义新农村"更是建设小康社会的目标之一。美丽乡村建设作为认识和理解新时代乡村社会建设的重要窗口，既是美丽中国建设的基础和前提，也是推进生态文明和新农村建设的新工程、新载体。近年来，通过政策引领，党中央持续推进"美丽乡村建设"的工作，反映了顶层设计推动乡村建设的坚定决心。在党中央的领导下，各地不断加强农村生态建设、环境保护和综合发展，反映了基层积极响应中央号召，进行乡村建设的探索的态度和决心。美丽乡村建设发轫于2003年浙江省委、省政府实施的"千村示范、万村整治"工程的重大决策，此决策力图通过生态、经济、人文、社会、政治五大体系的构建，提升村民群众的生活质量，形成一种可持续发展的乡村模式。

2008年，党的十七届三中全会强调，把改善农村人居环境作为推进新农村建设的一项重要任务。2012年，党的十八大进一步将生态文明引入"五位一体"总体布局，提出建设"美丽中国"的目标，提出要努力建设美丽中国，实现中华民族永续发展。为深入贯彻党的十八大精神，落实2013年中央一号文件《中共中央 国务院关于加快发展现代农业进一步增强农村发展活力的若干意见》中关于推进农村生态文明建设、建设美丽乡村的要求，2013年3月农业农村部(原农业部)办公厅发布了关于开展"美丽乡村"创建活动的意见，确立了1 100个乡村为全国"美丽乡村"创建试点单位，正式开启了美丽乡村建设的全面试点工作①。同年7月，财政部决定将美丽乡村建设作为一事一议财政奖补工作的主攻方向②，设浙江、贵州、安徽、福建、广西、重庆、海南7省(市)为国家首批推进省(市)。2013年的中央农村工作会议提出把治理空心村、改善农村人居环境和建设美丽

---

① 农业部办公厅：《农业部办公厅关于开展"美丽乡村"创建活动的意见》，参见农业农村部官网：http://www.moa.gov.cn/gk/tzgg_1/tz/201302/t20130222_3223999.htm。

② 财政部：《关于发挥一事一议财政奖补作用推动美丽乡村建设试点的通知》，参见中国政府网：http://www.gov.cn/gzdt/2013-07/10/content_2444166.htm。

乡村直接联系起来，会议指出：中国要美，农村必须美；要重视空心村问题，推进人居环境整治，继续推进社会主义新农村建设，为农民建设幸福家园和美丽乡村①。

2014年，为了深入贯彻中共中央、国务院《关于全面深化农村改革加快推进农业现代化的若干意见》和习近平总书记系列重要讲话精神，进一步推进生态文明和美丽中国建设，农业部发布了中国“美丽乡村”十大创建模式，开展了最美休闲乡村和中国美丽田园推介活动，完善并延续了美丽乡村建设的配套措施与政策。2015年，由质检总局、国家标准委等9家单位联合起草的《美丽乡村建设指南》正式公布，对美丽乡村建设的评定标准作出了具体规范，内容包括村庄规划、村庄建设、生态环境、经济发展、乡风文明等9个部分。党的十九大报告提出要实施乡村振兴战略②，要坚持农业农村优先发展，按照产业兴旺、生态宜居、乡风文明、治理有效、生活富裕的总要求，建立健全城乡融合发展体制机制和政策体系，加快推进农业农村现代化，持续推进“美丽乡村”的开展工作，反映了中央推动乡村治理转型的决心。2018年《中共中央 国务院关于实施乡村振兴战略的意见》③指出：到2020年，“农村人居环境明显改善，美丽宜居乡村建设扎实推进”，“农村生态环境明显好转，农业生态服务能力进一步提高”；到2035年，“农村生态环境根本好转，美丽宜居乡村基本实现”；到2050年，“乡村全面振兴，农业强、农村美、农民富全面实现”。

美丽乡村建设不仅仅是要达到外在结构的美丽，同时也要实现美丽和谐可持续的发展目标，要想使农民致富，促进美丽乡村建设，必须不断壮大集体经济，增加乡村收入，这才是真正使群众受益的行为。“美丽乡村”强调树立尊重、顺应和保护自然的生态文明理念。为建设美丽乡村，应进一步加强农村生态文明建设、环境保护和综合整治的工作。乡村人口占中国总人口的大多数，因此有必要加快建设美丽乡村的步伐，加快农村基础设施建设，加强环境治理和保护，营造良好的生态环境，显著增加农村经济收入，促进农业增效和农民增收，这些都需要通过制定城乡统筹协调发展计划，从而使农村群众得到更多的福祉和有效提升他们的满意度。只有真正把生态文明建设放在突出位置，并使它融入经济、政治、文化、社会等多领域建设，才能实现美丽乡村的可持续发展以及乡村的全面振兴。

---

① 《中央农村工作会议在北京举行》，《人民日报》，2013年12月25日。

② 习近平：《决胜全面建成小康社会，夺取新时代中国特色社会主义伟大胜利——在中国共产党第十九次全国代表大会上的报告》，参见中国政府网：http://www.gov.cn/zhuanti/2017-10/27/content_5234876.htm。

③ 《中共中央 国务院关于实施乡村振兴战略的意见》，参见中国政府网：http://www.gov.cn/zhengce/2018-02/04/content_5263807.htm。

第二节 美丽乡村建设的时代背景

工业文明在带给我们日益富庶的物质生活的同时,也对人类赖以生存的自然环境造成了一定的破坏。如何谋求社会发展同自然生态环境保护二者的和谐统一,成为当前关乎人类社会永续发展的重要课题。民族传统文化蕴含着整个中华民族思想源泉、道德精神以及价值追求,是中华大地孕育出的珍贵财富。中华民族传统文化汇聚了各族人民几千年的生活实践的精华。中国广袤的地理环境提供了丰富的资源,养育着勤劳勇敢的中国人民,各族人民共同构筑起了自强不息的民族精神文化。美丽乡村建设既是历史的选择,也是中国社会结构转型、经济质量提升、生态文明建设、民族文化复兴等背景下的必由之路。美丽乡村建设是民族文化复兴的重要组成部分,是实现民族文化复兴的必经之路。总而言之,当前无论是全面推动乡村振兴,还是扩大内需,都需要重视美丽乡村建设。本节将从工业化城市化、生态文明建设、民族文化复兴、城乡公平、经济内循环等角度去分析与理解美丽乡村建设的时代背景。

一、工业化城市化与美丽乡村建设

理解美丽乡村建设政策出台的初衷,就需要对其所处的时代背景展开分析。改革开放以来,我国产业结构中的第二产业在GDP中所占的比重呈现出先降后升的趋势。20世纪80年代,第二产业的比重有所下降,从1980年的48.2%降到1990年的41.3%,下降幅度较大。但是到90年代之后,第二产业占比明显有所回升,1995年达到47.2%,2000年达到45.5%,2007年达到49.3%的峰值后,2009—2011年一直维持在46.8%,此后占比开始逐年下降。2013年,第三产业比重首次超过第二产业比重。2019年,第二产业比重为39%①。从产业结构的角度看,20世纪90年代、21世纪第一个十年中的环境压力在不断增大,2007年达到峰值后逐年下降。根据《中国统计年

① 由作者根据历年《中国统计年鉴》整理得出,具体可见国家统计局官网。

鉴》,以废气中主要污染物二氧化硫排放量为例,2000 年为 1995.1 万吨,2006 年排放达到2 588.8万吨的峰值,此后基本呈现出逐年下降的态势。2015 年,废气中二氧化硫排放量减少到1 859.12 万吨。但是,由于环境污染具有累加效应,第二产业结构的下降只是减缓环境压力,环境绩效改善不可能立竿见影,必然是一个长期的过程(童志锋,2018:27-29)。在一个国家或地区中,工业(第二产业)在产业结构中所占比重越高,意味着导致环境污染的能源和资源的消耗强度与消耗量越大。

从工业内部结构变动的角度进行分析,国家或地区的工业化进程大体可以分为四个阶段,即轻工业阶段、重工业阶段、加工组装工业阶段和技术密集型阶段。不同的工业化进程阶段会呈现出不同的环境特征。20 世纪 80 年代,我国的重工业基本上处于下降的趋势,而轻工业有所上升。90 年代,重工业在接近工业结构 55%的水平下徘徊。但从 1999 年开始,重工业呈现快速增长势头,由 50.8%增长到 2003 年的 64.5%、2006 年的 70.0%。2008 年,重工业比重达到 71.3%[①]。国家统计局报告指出,“随着工业化进程的加快,特别是工业内部结构向更高层次的演进,以机械电子工业、石油化学工业、汽车制造业、航空航天工业及建筑业为主体的重化工业的加快发展,提升了我国的产业结构高度,消费品加工主导型结构开始逐步向重化工业主导型结构转变”[②]。而当一个国家或地区进入重化工业主导型结构时,其环境特征典型表现形式是:环境问题爆发,大气、水、重金属等污染严重。总之,当一个国家或地区发展到重化工业阶段时,一般要承载更大的环境压力,环境污染可能会集中爆发。

当下的中国,高速发展所造成的环境问题复合效应日趋明显,环境治理难度日益加大。由于后发优势的影响,后发展国家的工业化进程在时间上被高度压缩。例如,英国、美国完成工业化分别经历了 200 年、135 年,而日本、韩国分别仅用了 65 年、33 年(洪大用,2013)。中国在快速的大规模工业化过程中,各种性质的环境问题集中爆发,交互叠加。当前,我国正面临着前工业化时期、工业化时期以及后工业化时期的各种环境问题,这显然比发达国家分阶段出现的问题要严峻得多。一方面,快速的工业化城市化有效转移了过剩农民,为农业现代化、城乡一体化创造了条件。快速的工业化城市化为农民就业提供了巨大的机会,加快了人们对资源开发利用的进程,促进了经济发展,提升了人民生活水平。另一方面,在城镇运行和发展过程中所积累的环境污染往往突破了城镇区域生态系统的容量,造成一定程度的环境压力。

---

① 国家统计局工业统计司编:《中国工业经济统计年鉴 2010》,中国统计出版社 2011 年版。

② 国家统计局:《系列报告之三:经济结构不断优化升级 重大比例日趋协调》,参见国家统计局官网:http://www.stats.gov.cn/ztjc/ztfx/qzxzgcl60zn/200909/t20090909_68635.html。

为了缓解城镇区域所面临的环境压力，大量污染物（例如污水和垃圾）被排放到了城镇周边区域，一些污染企业也被转移到周边区域，由此造成了更大范围的环境破坏、更悬殊的城乡差距甚至城乡之间的对立和冲突。有资料表明，“2000—2010 年，我国未经处理的城镇污水累计排放量超过 2 000 亿吨，90％以上的城镇垃圾在郊外或农村堆放或填埋，截至 2011 年，累计堆放或填埋量超过 60 亿吨，这些对农业农村和农民生活环境都是极具破坏性的”（洪大用，2014）。由于城市污染向农村转移问题日趋严重，2017 年在我国出台的首个《全国国土规划纲要（2016—2030 年）》中明确提出，“严格工业项目环境准入，防止城市和工业污染向农村转移”①。

总之，美丽乡村建设从某种意义上而言，是工业化城市化发展到一定阶段的必然选择。如果任由乡村环境被污染破坏，不适应社会主义新农村建设、乡村振兴等国家战略发展的需要，也将无助于村民共享改革开放的成果。

二、生态文明建设背景下的美丽乡村建设

2007 年，党的十七大报告中提出建设生态文明的要求并首次把“生态文明”写入党代会的报告，这是中国共产党在反思传统经济发展模式、扬弃旧的工业文明理念基础上提出的重大战略思想，也是对“环境保护为基本国策”（1983 年）、可持续发展战略（1995 年）和“建设资源节约型、环境友好型社会”（2005 年）等战略或理念的传承。2012 年，党的十八大把推进生态文明建设纳入国家发展大计并提出建设美丽中国的目标。要把生态文明建设放在突出地位，融入经济建设、政治建设、文化建设、社会建设各方面和全过程，努力建设美丽中国，实现中华民族永续发展。党的十八届三中全会从若干方面提出了加快生态文明制度建设，建立系统完整的生态文明制度体系。

2015 年以来，中国生态文明制度建设明显地进入了快速的、实质性的推进阶段。继 2015 年 1 月 1 日正式实施“史上最严”的新环保法之后，5 月 5 日，中共中央、国务院正式出台《关于加快推进生态文明建设的意见》；7 月 13 日，环境保护部发布《环境保护公众参与办法》；8 月 9 日，中共中央办公厅、国务院办公厅印发的《党政领导干部生态环境损害责任追究办法（试行）》正式施行；9 月 11 日，中央政治局会议通过《生态文明体制改革总体方案》。2015 年 10 月召开的党的十八届五中全会继续强调坚持绿色发展理念，建议将生态文明建设纳入“十三五”规划，强调以提高环境质量为核心，实行最严格的环境保护制度，到 2020 年达到生态环境质量总体改善的目标。2017 年，习近平

---

① 《国务院关于印发全国国土规划纲要（2016—2030 年）的通知》，参见中国政府网：http://www.gov.cn/zhengce/content/2017-02/04/content_5165309.htm。

总书记在党的十九大报告中就生态文明建设提出新论断，指出：人与自然是生命共同体，人类必须尊重自然、顺应自然、保护自然。人类只有遵循自然规律才能有效防止在开发利用自然上走弯路；必须坚持节约优先、保护优先、自然恢复为主的方针，形成节约资源和保护环境的空间格局、产业结构、生产方式、生活方式，还自然以宁静、和谐、美丽。坚持人与自然和谐共生成为新时代坚持和发展中国特色社会主义基本方略的重要组成部分，并专门用一部分内容论述“加强生态文明体制改革，建设美丽中国”。污染防治也被列为全面建成小康社会决胜期要坚决打好的三大攻坚战之一。

习近平总书记一系列关于环境保护的重要论述，非常形象而又深刻地阐释了社会主义建设进程中有关环境保护的内涵。例如，“生态环境没有替代品，用之不觉，失之难存”“生态兴则文明兴，生态衰则文明衰”“像保护眼睛一样保护生态环境，像对待生命一样对待生态环境”“保护生态环境就是保护生产力，改善生态环境就是发展生产力”“绿水青山就是金山银山”“良好生态环境是最公平的公共产品，是最普惠的民生福祉”等。党的十八大以来，在以习近平同志为核心的党中央坚强领导下，我国加快推进生态文明顶层设计和制度体系建设，注重用最严格的制度与最严密的法治保护生态环境，加快制度创新，强化制度执行，开展了一系列体现生态环境保护根本性、开创性、长远性的工作，使生态环境治理走上了标本兼治的快速路，当前的生态环境治理正在发生历史性、转折性、全局性的变化。由此，环境因素在新的意义上被结合进社会建设进程中，并推动着社会自身的深刻转变①。

“美丽乡村建设是对生态文明建设的贯彻和落实，美丽乡村的建设过程同步表现为生态文明的实现过程。生态文明是美丽乡村建设的理论源头，引导美丽乡村建设的内容和方向。”(韩喜平 等，2016)在生态文明建设的总体框架下，乡村建设逐渐以循环经济发展为根本，而循环经济恰好能对农村经济基础相对薄弱这个特点进行补遗。资源一旦挥霍就不可再生，而经济增长也将沦为一句空话。最近几年有些乡村经济效益越来越差，就是因为没有走循环经济之路，原先竭泽而渔的恶果已然凸显出来。所以美丽乡村建设就必须要引入生态文明这一新鲜的“血液”，从而更好地带动乡村经济朝着健康的方向发展，并最终实现良性循环。

三、民族文化复兴与美丽乡村建设

当下美丽乡村建设对民族文化复兴非常重要。乡土社会特有的乡土性，反映了社会结构远近有序的差序格局状态，揭示了私人性的、密切的人际关系(宋才发 等，

---

① 洪大用：《绿色社会的兴起》，载《社会》2018年第6期。

2020)。这种社会化组织根植于祖祖辈辈的血缘关系和安土重迁的地缘关系。乡村也往往和宗族联系在一起,构建起了特有的宗法文化以及宗族社会,而这种宗族文化甚至直接影响国家法律制度的构建。“传统中国法是一种以道德为核心的文化类型,重视人文性和道德性是其鲜明特点,道德人文是支撑和维系传统中国法的精髓”(宋才发等,2020),地理环境生成了特有的生产方式,而这种生产方式促进民族文化的产生与发展。传统农耕文化本质在于土地,基于土地生产、生活,慢慢形成了村庄共同体,成为以土地为单位的最基层的社会化组织。村庄共同体在发展中需要组织架构的内在张力支撑,例如如何修桥搭路,如何灌溉引渠,如何与乡邻和睦相处等。美丽乡村建设有助于重新树立以优秀传统文化为特征的乡村道德伦理,使村民重新认识本村本族原有的文化价值,挽救日益流失的乡村文化资源。农业农村现代化是以在更高层面促进人的全面发展为目标,从传统文化与礼俗习惯中汲取营养,进而面对快速的现代社会变迁所带来的问题。真实世界中的现代市场竞争的烈度是有限的,而且市场的调节仍可能取决于习俗、惯例产生的自愿行动。因此,当竞争成为市场的基本动力系统之后,习俗依然能在其中发挥举足轻重的作用(曹东勃 等,2020)。

纵观历史长河,传统民族文化在处理乡村和城市的关系上成为一种非常好的润滑剂,古代中国的乡村一直保持着与城市互为补给的良好关系,在文化交流上更是保持着有效的信息传递,所以能很好地缓和乡村和城市二元对立的局面。乡村发展“需要在乡村文化批判吸收的基础上,实现对传统乡村文化的现代主体性建构,最终建立符合乡村振兴战略对乡风文明内容的要求”(沈费伟,2020)。随着中国特色社会主义市场经济改革的逐步深入,农村经济得到极大的发展。经济发展的现代化也会促使传统的知识认知和价值观逐渐发生巨大转变,这种观念逐渐推进民族文化具有了更深层次的表达。促使观念逐渐改变,反过来能促进经济发展乃至物质的丰富,也能铸牢中华民族共同体意识。在乡村发展体系中,民族文化扮演着重要角色,需要注意地方潜在的内生性规则,同时也不能忽略外生机制。外生机制和内生性规则并不是相互矛盾的,而是共生共荣的。

重视民族文化必然要求重视乡村原有的伦理风俗,而且要重视各民族的风俗习惯,值得一提的有桂西南壮族乡村治理中的仪式传统。该仪式可以使村民跨越时间维度,传递与仪式密切关联的精神动力,同时也传递着本民族文化的传统内涵。仪式中仪式专家将东家赠予的猪鸭等礼物用于供奉祖师,体现的是对祖传技艺的传承,主要是精神内核和文化宗旨的传承,“壮族村民通过仪式持续互动、交往,产生特定场域的社会关系,传递出乡亲邻里之间熟悉的交流方式。在壮族村落仪式中往往呈现与过去或未来在时间维度上的诉求表达,而在特定的历史场景中由仪式传递的文化内涵连接成时间与空间的'时空互动'关系"(唐俊 等,2020)。尊重仪式就是尊重家庭、尊重伦理,既是对先祖的尊敬,也是对传统的延续,而延续传统恰恰是民族文化复兴的关键,也是美丽乡村建设的根本目的之一。

除了桂西南壮族乡村治理中的仪式传统,云南贡山独龙族怒族自治县独龙江乡的经济发展与脱贫攻坚也具有代表性。"比如独龙毯编织技术传承的衰落,又如货币和市场容易让村民们把'人的发展'简化成为致富的过程。与此同时,文化整合也正在悄然发生。如传承人自发在独龙族'即兴说唱'中添加了歌颂扶贫政策的内容;日常生活中火塘与现代电器共同使用,共同承载教育、娱乐、互助等社会功能。"(杨艳,2020)另外,实现民族文化复兴,并不意味着单纯禁锢于原先的文化,而是以一种开放包容的姿态,更好地吸收和融合各种新鲜事物和文化。吸引和包容本身正是中华民族文化的特征之一,从历史的维度去看,中华民族的民族文化也是各民族不断交融的结果,因此民族文化复兴,必然有助于美丽乡村建设,有助于更好地消化吸收和融合各类优秀且前沿的文化内容。"对传统乡村文化的挖掘、整理、保护与利用,不仅有助于传承我国古代的农耕文明,而且也可以为当前乡村振兴战略时期的农村发展注入文化精神内涵,丰富农民的日常精神生活。"(沈费伟,2020)

总而言之,美丽乡村建设促进了经济发展和现代化进程,不仅没有泯灭传统文化,还使民族文化更好地传承下来;另一方面,民族文化也使人们更加积极地投身美丽乡村建设,二者相辅相成,共同精进。

四、城乡公平与美丽乡村建设

中国作为世界上最大的发展中国家,正面临着平衡经济发展与环境保护关系的问题,在追求两者协调发展的过程中,坚持生态现代化取向(洪大用,2012)、进行生态文明建设已成为举国上下的基本共识。从地理上进行区分,发展问题主要有城市问题与农村问题两种类型。针对城市问题,已经积累了很多切实可行的发展经验,但如何解决农村发展问题仍是一道理论与实践难题。而作为国家现代化的重要组成部分,农村发展障碍能否及时解决,不仅会影响乡村振兴战略的实施效果,而且会影响乡村社会秩序的建构。改革开放以及全球经济体系的建立,使得我国农村的现代化进程不可避免地受到西方发展框架的影响,虽然由此带来了乡村经济的快速发展与人民生活水平的不断提升,但也引发了农村环境恶化、道德滑坡、村庄空心化等一系列问题,由此造成了村民与企业、村民与基层政府之间的紧张关系,有的问题处理不当甚至有可能演变为环境群体性事件(任丙强,2011),这些问题的出现促使我们重新开始反思西方的现代化理论。

农村发展的困难之处在于，它不仅是一个经济问题，同时还是一个城乡结构性问题。现代化建设推动我国社会向前发展，同时也持续地给农村发展制造压力。在社会主义新农村建设中，要把农村作为整体社会来发展，就要在农业农村经济发展的基础上，同步推进农村各项社会事业，不断满足广大农民持续增长的多方面需求，促进农民的全面发展。张玉林(2013)从“贱农主义”和“城市信仰”的价值观角度出发，指出在发展中农村逐渐成为被改造的对象，农村的传统文化、生活习惯等都被认为是落后的，而且不管在话语层面还是事实上，农村都处于依附城市的弱势地位。1978—1984 年，城乡居民收入相对差距呈缩小趋势，从 2.57 下降到 1.71；1985—1994 年，差距呈扩大趋势，由 1.86 上升到2.86；此后的 1995—1997 年虽然有所缩小，但从 1998 年开始又不断扩大，由2.51上升到 2007 年的 3.33；2009 年，城乡居民收入差距维持在 3.33，此后开始逐步缩小，2019 年为 2.64①。但与发达国家相比，我国的城乡差距依然较大。比如日本和韩国，“城乡居民收入比基本控制在 1～1.4 的范围内，考虑到农村消费水平比较低，这种差距基本可以忽略”(王文龙，2016)。

全面建设小康社会必须统筹城乡经济社会发展。城乡统筹重点在“乡”，难点在“统”，因此在顶层设计与规划引领上，要始终坚持把城市和农村作为统一的整体，要扭转重城市、轻农村的建设倾向，真正实现新农村建设与城镇化发展双轮驱动。考虑到我国城乡公共服务、基础设施的较大差距，城乡总体差距更大，所以美丽乡村建设有助于加快缩小我国城乡差距。比如最早提出美丽乡村建设的浙江省，城乡居民收入比从 2003 年的 2.43 降低到 2019 年的 2.01。国家统计局浙江调查总队抽样调查数据显示，2019 年浙江居民收入总体保持平稳增长，城镇居民人均可支配收入 60 182 元，农村居民人均可支配收入 29 876 元，分别连续第 19 年和第 35 年荣膺全国各省区第一②。

总而言之，由于中国城乡之间、区域之间发展不平衡，在客观上创造了环境压力在区域间转移的可能，并且诱发了很多新的发展问题。中国现代化进程中呈现出比较明显的重城市、轻农村倾向，例如城市的污染也存在向农村加速转移的趋势。虽然城乡结构问题涉及面比较广，影响也比较深，但整体上城乡结构问题受到了重视，使得“以城带乡”成为可能，美丽乡村建设为解决城乡结构问题提供了具体方案。

---

① 数据来源：国家统计局官网，由作者根据历年《中国统计年鉴》整理。

$$城乡居民收入差距=\frac{城镇居民可支配收入}{农村居民可支配收入}$$

② 《2019 浙江城乡居民收入继续领先各省区》，参见杭州网：http://news.hangzhou.com.cn/zjnews/content/2020-01/19/content_7663420.htm。

五、经济内循环与美丽乡村建设

当前国际环境日趋复杂，我国经济发展更需要加强内循环。加强经济内循环，势必要加强经济的自生能力，“从自生能力的概念出发，一个国家经济发展的目标应该定位在要素禀赋结构的提升，因为要素禀赋结构提升了，在开放的竞争市场中，企业为了自己的生存自然必须提升其产业、产品、技术水平”（林毅夫，2002）。加强经济内循环并不代表要放弃开放和竞争的市场环境，相反，经济内循环有助于本国经济在开放竞争的市场中具有更强的抵抗风险的能力，更能吸收和利用开放市场的资源。通过加强自身的保护机制，反而更能获得外力的扶持，实现资源优化配置。“在每个国家的土地（自然资源）的禀赋给定的前提下，要素禀赋结构的提升指的是每个劳动者所支配的资本量的增加，资本来自于剩余的积累。要最快地提升一个国家的要素禀赋结构，这个国家就必须在每一个时点创造最大的剩余，并将剩余中最大的部分用来作为积累。”（林毅夫，2002）我国是个典型的农业大国，地域广袤但耕地资源依旧紧缺，农产品生产以劳动密集型为主，“一个国家如果能在每一个时点上按其当前的要素禀赋结构所决定的比较优势来选择产业、产品、技术，整个经济就会有最大的竞争力，能够创造最大的剩余”（林毅夫，2002），因此提高乡村经济的自生能力，是当前发展经济内循环的必由之路。

乡村拥有丰富的自然人文资源可供挖掘，还有大量的劳动力资源。这些资源都可以构筑起基础良好的能源和原料加工产业，应当将社会中的闲散资本聚集起来，更新设备，优化产品结构，提高各类资源的开发程度，克服技术壁垒，降低成本。通过技术的不断创新，劳动者能够生产出更多更好的产品，并且会促使具有更高附加值的新产业和新产品出现，进一步将劳动力和各种生产要素从附加值较低的产业重新配置到附加值较高的产业，促使劳动生产率和人均收入水平不断提高。纵观一个社会的产业变迁，不管是从传统农业向工业迈进，还是从工业跃迁到高技术、高资本产业，都是伴随着技术创新和产业升级，最终带来整体收入的提升（林毅夫，2017）。上述问题都是经济内循环的必然需求，而美丽乡村建设有助于解决乡村中低收入家庭的生活生产问题，确保现行的市场运作机制推进乡村经济的良性循环。

美丽乡村建设要符合经济规律，也需要保证信息对称、激励相容。不能反其道而行之，试图掩盖真实信息，传递不实信息，导致在激励方面也无法做到恰如其分，甚至“出于好心”去过多地干预正常的市场竞争，结果是“好心办坏事”，欲速则不达。“在现代经济增长过程中，一方面依靠技术创新和产业升级以提高劳动生产率，另一方面不断调整和完善各项硬的基础设施和软的制度安排以降低交易费用和风险”（林毅夫，2017）。当前有不少乡村在尝试如何扩大内循环来增加经济收入，并在实践中摸索出了一套“内循环经济自助模式”，其核心就是在坚持为乡村提供公共服务的方向、保障民间组织的自主性的基础上，以盈利板块的业务支持非盈利板块事务，以盈利和资金互助来提升和扩大公共服务，最终通过公共服务的供给来扩大市场和赢得声誉，具有强大的草根性和公益性(乔运鸿 等，2016)。村民们的熟人关系有助于信用体系的建立，更好地规避了市场风险，并使村民获得了实实在在的收益。这种模式减少了政府层面的资助，减轻了政府的财政压力，并且取之于民、用之于民，更加有效地反哺了盈利板块的运作，提高了村民的收入和福利，具有非常强的普适性，适合其他乡村作为参考。

美丽乡村建设亦如此，但首要前提就是要有一个有力且有效的机构组织来支持，“在新结构经济学看来，遵循比较优势就是快速发展的药方”(林毅夫，2017)。在发展本村本区域的经济时，要以开放的心态面对市场，充分评估本村本区域具有比较优势的产业，重点扶持和发展此类经济，相对没有比较优势的产业可适当减弱，并以引入成品为主，切不可盲目发展所谓的“热门”产业。比较优势的形成需要乡村大量闲散劳动力的支持，也需要技术和资本的配合。东部的乡村地区相对而言资金比较充沛，而西部的人力和其他资源比较丰富，内循环的本质就在于整合市场，加强跨区域乡村发展。

第三节 美丽乡村建设的中国图景

一个贫穷落后的国家，即使有美丽的山川，也不是美丽的中国；一个环境污染严重的国家，即使再富强，也不是美丽的中国，只有实现经济、政治、文化、社会、生态环境的和谐可持续发展，才能建设好美丽中国乃至美丽乡村。美丽乡村建设是在实践的基础上形成的。通过生态、经济、文化、社会、政治五大体系的建设，努力提高村民的生活质量，形成可持续发展的农村模式。基于浙江省的示范效应，国家逐步提出了全国性的美丽乡村建设目标，开展了全国范围内的试点工作。各地在当地政府指导下进行了美丽乡村建设模式的积极探索，涌现出了浙江安吉、福建长泰、贵州余庆等美丽乡村建设先进典型。本节将从美丽乡村建设的浙江示范、安吉样本以及多样化的建设模式三个方面展开分析。

一、美丽乡村建设的浙江示范

浙江省是美丽乡村建设的先行者。习近平同志任浙江省委书记期间，牵头进行了大量的实地调研，寻找变革的路径和突破口。2003 年 5 月，浙江省委决定成立由 12 个部门组成的“千村示范、万村整治”的工作协调小组，正式开启了浙江美丽乡村建设的新篇章。浙江省第十三次党代会以来，当地坚持以“绿水青山就是金山银山”的重要思想为指导，奋力开拓，不断丰富内涵，不断提升美丽乡村建设整体水平，促进美丽经济发展。浙江如今已成为宜居、宜业、宜游的美丽乡村建设的标杆省。浙江省以打造美丽乡村升级版为目标，完善农民主体、政府主导、社会参与、市场运作、规划引领的建设机制，在宜居乡村、共富乡村、人文乡村、乐活乡村、善治乡村为内涵特色的美丽乡村升级版建设上进行了大力探索。在实践中，浙江省“千村示范、万村整治”工作协调小组办公室以“五大发展理念”为指针，以“八八战略”为总纲，按照“秉持浙江精神，干在实处，走在前列，勇立潮头”的新要求，深入推进美丽乡村建设，为高水平建成小康社会、建设“两富”“两美”浙江作出了新的贡献。

大力提升农村人居环境，建设生态宜居的美丽乡村。浙江把改善农村生态环境和人居环境作为打造美丽乡村升级版的突破口和主攻点；以“五水共治”“四边三化”“三改一拆”为抓手，大力改善农村生态环境；全面推行“河长制”，完成“清三河”治理任务；全面推行农村生活垃圾集中收集以及生活垃圾减量化、资源化、无害化分类处理，全省推行“户集、村收、镇运、县处理”的垃圾集中收集处理模式。截至2020年，农村生活垃圾分类处理行政村覆盖率达85%，回收利用率达45%以上，资源化利用率达90%以上，无害化处理率达100%。建设农村规范化公厕64 842座，平均每个行政村超过3座，创建省级星级公厕2 000座，其中示范性公厕200座；农村生活污水处理设施行政村覆盖率92.5%①。浙江大力开展美丽乡村示范县、示范乡镇、特色精品村创建和美丽乡村风景线打造，实行全域规划、全域提升、全域建设、全域管理，推进美丽庭院、精品村、风景线、示范县四级联创，联动推进生态人居、生态环境、生态经济、生态文化建设。截至2020年，浙江省创建美丽乡村示范县45个、美丽乡村示范乡镇500个、特色精品村1 500个，新时代美丽乡村达标村11 290个②。当前浙江省的国家级美丽宜居示范村试点和全国美丽宜居示范村庄总量居全国首位。

大力发展美丽经济，建设共创共享的共富乡村。浙江省以习近平总书记提出的“两山”理念为指引，从建设美丽乡村向经营美丽乡村转变，大力推进“绿水青山”向“金山银山”的转化，把美丽转化为生产力，增强美丽乡村建设的持久动力。依托美丽乡村，促进农村一二三产业融合发展，拓展农业新功能，积极发展农村新兴产业，因地制宜地发展休闲观光农业、创意农业、养生农业等新型农业；农家乐、民宿等乡村休闲旅游蓬勃发展。依托互联网大省优势，推进互联网与农业农村深度渗透融合的新经济商业模式，农村电子商务快速发展。浙江省商务厅统计显示，早在2017年浙江省拥有活跃的涉农网店近2万家，农产品网络零售额达506.2亿元，累计建成农村电商服务站超1.64万个，覆盖全省58%以上的行政村③。除此之外，美丽人文是美丽乡村建设的灵魂所在。当前浙江省在深度发掘农耕传统、民族风情和民间技艺等乡土文化的基础上，着力培育特色文化村，覆盖全省农村的公共文化设施服务网络基本成形。从2013年起，农村文化礼堂的建设工作连续被纳入浙江省政府为民办实事项目，礼堂活动内容越来越丰富，为传承具有浙江时代印记和地域特色的文化遗产提供了便利。截至2020年，浙江省累计组建成县域医共体161家，村卫生室规范化率达74.5%；建成农村文化礼堂1.78万家，新时代文明

① 浙江省统计局、国家统计局浙江调查总队：《2020年浙江省国民经济和社会发展统计公报》，参见浙江省统计局官网：http://tjj.zj.gov.cn/art/2021/2/28/art_1229129205_4524495.html。

② 同上。

③ 浙江省统计局：《发挥区位之优势不断提高对内对外开放水平——“八八战略”实施15周年系列分析之三》，参见浙江省统计局官网：http://tjj.zj.gov.cn/art/2018/11/23/art_1562012_25740579.html。

实践中心建设试点 54 个，实现中心全覆盖，实践所、站覆盖率达 70%[①]。

总之，通过美丽乡村建设的大胆尝试，浙江省有效改善了农业生产条件和农村人居环境，加快了农业现代化转型，提高了农民收入，缩小了城乡差距，使得乡村整体的生产、生活水平得到显著提升。

二、美丽乡村建设的安吉样本

安吉县是浙江省西北部一个极具发展特色的生态县，县域面积为 1 886 平方公里，常住人口 46 万人，建县于公元 185 年，取《诗经》“安且吉兮”之意得名，辖八镇三乡四街道及一个省级经济开发区。安吉县通过美丽乡村建设，走上了绿色可持续发展之路，成为联合国人居奖获得县、中国首个生态县、全国首批生态文明建设试点地区、国家可持续发展实验区、全国首批休闲农业与乡村旅游示范县、中国金牌旅游城市唯一获得县。此外，安吉县享有中国第一竹乡、中国白茶之乡、中国椅业之乡、中国竹地板之都等美誉，被评为全国文明县城、全国卫生县城、美丽中国最美城镇。浙江省安吉县“中国美丽乡村”建设模式，在 2015 年正式成为国家标准和省级示范。在实践中，安吉县以建设生态文明为前提，以打造农业强、农业美、农民富、城乡和谐发展的中国美丽乡村为目标，在全国率先制定了“中国美丽乡村计划”和《建设“中国美丽乡村”行动纲要》，从而优化了新农村建设的总体方案，成为透视“美丽乡村”的典型窗口。

美丽乡村建设之前，安吉县在经历了工业污染之痛后，于 1998 年放弃工业立县之路，并于 2001 年提出生态立县发展战略。2003 年，安吉县结合浙江省委“千村示范、万村整治”的“千万工程”，在全县实施以“双十村示范、双百村整治”为内容的“两双工程”，以多种形式推进农村环境整治，集中攻坚工业污染、违章建筑、生活垃圾、污水处理等突出问题，不仅为美丽乡村建设的开展奠定了坚实的基础，同时也直接推动了农村公共服务水平、农村人居环境、生产生活条件的显著改善。在此基础上，2008 年，安吉县在全省率先提出“中国美丽乡村”建设，并将其作为新一轮发展的重要载体，计划用十年时间，通过“产业提升、环境提升、素质提升、服务提升”，把全县建制村建成“村村优美、家家创业、处处和谐、人人幸福”的美丽乡村。2008 年 2 月，安吉召开中国美丽乡村建设万人动员大会，拉开了中国美丽乡村建设的序幕，由此成为“美丽中国”的最早一批实践样本。2013 年按照“布局优、村容靓、生活富、身心美”的要求，安吉县高标准启动了“中国美丽乡村”精品示范村的创建工作，在更高要求上建设更高品位的“中

---

① 浙江省统计局、国家统计局浙江调查总队：《2020 年浙江省国民经济和社会发展统计公报》，参见浙江省统计局官网：http://tjj.zj.gov.cn/art/2021/2/28/art_1229129205_4524495.html。

国美丽乡村”。2015 年初，安吉县正式被农业部确认为“全国美丽乡村建设示范基地”，这意味着安吉的美丽乡村建设模式在国家层面获得了认可。

通过环境整治和美丽乡村创建，安吉县以经营乡村为理念，推进美丽乡村建设，大大改善了本地的社会经济面貌。在实践中，安吉县立足本地生态环境资源优势，大力发展竹茶产业、生态乡村休闲旅游业和生物医药、绿色食品、新能源新材料等新兴产业。在美丽乡村建设的推动下，安吉县 2019 年全年地区生产总值达 469.59 亿元，比上年增长 7.8%。其中，第一产业增值 27.72 亿元，第二产业增值 211.83 亿元，第三产业增值 230.04 亿元，分别增长 1.8%、6.7%和 9.7%。按户籍人口计算，全县人均地区生产总值为 99 612 元，比上年增长 7.3%。三次产业增加值结构由上年的 6.2∶46.2∶47.6 调整为 5.9∶45.1∶49.0。全县年末户籍人口为 47.22 万人，据城镇居民家庭抽样调查，全年城镇居民人均可支配收入达到 56 954 元，比上年增长 8.2%；据农村居民家庭抽样调查，全年农村居民人均可支配收入达到 33 488 元，比上年增长 9.6%①。截至 2019 年，安吉县累计建成“中国美丽乡村”187 个村，其中有 55 个精品示范村、122 个精品村、8 个重点村和 2 个特色村，完成乡村经营示范村创建 15 个；15 个乡镇实现美丽乡村全覆盖，全县美丽乡村创建覆盖率达 100%②。

本书除了注重对安吉县县域情况的分析，还将安吉县的杨村与柳村③两个行政村作为案例进行分析。利用案例比较分析的方法有助于进一步克服个案的部分局限性。美丽乡村建设必然会受到特定历史规律、宏观结构与社会文化的影响，从行政村的观察视角入手，对上既可以观察来自县域、乡镇层级的影响，对下也可以挖掘出村庄内部的真实情况。之所以选择杨村与柳村，主要是基于村庄的发展典型性、资料的可得性以及村干部和村民的配合与支持的考虑。自 2008 年以来，安吉县开展的两次大规模的美丽乡村建设，杨村与柳村两个村均在建设中呈现出不同的发展特点，能够代表安吉县美丽乡村建设模式的总体特点。

杨村全村区域面积 6.8 平方公里，耕地面积 1 223 亩④，其中村集体经营面积约 25 亩，园地面积 1 800 亩，山林面积 3 700 亩⑤。截至 2018 年，杨村下辖 11 个村民小组，总

---

① 安吉县统计局：《2019 年安吉县国民经济和社会发展统计公报》，参见安吉县人民政府官网：http://www.anji.gov.cn/art/2020/5/29/art_1229518619_3776411.html。

② 同上。

③ 基于学术伦理，本书对访谈、参与式观察等资料中所涉及的人名，县级以下的乡镇、村等地名均进行了匿名化处理。

④ 1 亩≈666.67 平方米。

⑤ 资料来源：杨村村委会。

共有453户,1 635人,其中60周岁以上340人,劳动力总数约1 000人,外来人口约3 800人[①]。杨村村内生态资源丰富,毛竹成林,但并无任何有价值的矿产资源,村集体主要通过政府征地拆迁、土地流转等方式逐步壮大了村集体的经济实力。截至2018年,杨村域内累计被征用土地共计3 285亩,流转土地2 334亩;2018年村集体经济收入679万元,农民人均纯收入40 698元[②]。柳村地处麦田山北麓,海拔在100～350米,村域呈东西走向,三面环山,北高南低,西起东伏,群山环绕,植被覆盖率高达96%。截至2018年,柳村共有297户,总人口1 066人,其中男性500人,占总人口的46.90%,女性566人,占总人口的53.1%,家庭结构趋小、趋简单化[③]。根据柳村村委会提供的数据,全村村域面积4.86平方公里,农田320亩,竹林面积6 000亩,有银杏、马尾松、杉木、黄檀、苦楝等林木种类。山林主要为毛竹,毛竹林下长有野生茶叶和杂柴。

综上所述,当一些地方把乡村振兴仅仅看作一项硬性任务的时候,安吉县已经以美丽乡村建设为推手,推进城市基础设施向农村延伸、公共服务向农村倾斜、社会保障向农村覆盖、现代文明向农村普及,最终走出了一条经济发展与环境保护共赢以及城乡融合的协调发展之路。

三、美丽乡村建设的多样模式

自美丽乡村建设开始在全国蓬勃兴起之后,乡村建设不再趋于单一,切实反映了各地区美丽乡村的特点。各地区在原有乡村文明的基础上进行改建,各种模式特征鲜明,但共同突出了美丽乡村的基本元素。多样化的发展模式既节省了成本,又能因地制宜,可谓一举多得。在“美丽乡村”政策的指导下,全国各地积极开展“美丽乡村”试点的实践,涌现出浙江安吉、福建长泰、贵州余庆等一大批各具特色的美丽乡村典型模式。2014年2月23日,农业部在贵州兴义召开的第二届“中国美丽乡村·万峰林峰会——美丽乡村建设国际研讨会”上正式对外发布中国美丽乡村建设十大模式,为全国的美丽乡村建设提供范本和借鉴。

美丽乡村建设十大模式分别为:产业发展型、生态保护型、城郊集约型、社会综治型、文化传承型、渔业开发型、草原牧场型、环境整治型、休闲旅游型、高效农业型(详见表1-1)。

---

① 资料来源:杨村村委会。

② 同上。

③ 资料来源:柳村村委会。

表 1-1　美丽乡村建设十大模式①

模式类型	模式内容	模式典型
产业发展型	主要为东部沿海等经济相对发达地区；产业优势和特色明显，农民专业合作社、龙头企业发展基础好，产业化水平高；初步形成"一村一品""一乡一业"，实现了农业生产聚集、农业规模经营，农业产业链条不断延伸，产业带动效果明显	江苏省张家港市南丰镇永联村
生态保护型	主要是在生态优美、环境污染少的地区；自然条件优越，水资源和森林资源丰富，具有传统的田园风光和乡村特色，生态环境优势明显，把生态环境优势变为经济优势的潜力大，适宜发展生态旅游	浙江省安吉县山川乡高家堂村
城郊集约型	主要是在大中城市郊区；经济条件较好，公共设施和基础设施较为完善，交通便捷，农业集约化、规模化经营水平高，土地产出率高，农民收入水平相对较高，是大中城市重要的"菜篮子"基地	上海市松江区泖港镇
社会综治型	主要在人数较多、规模较大、居住较为集中的村镇；区位条件好，经济基础强，带动作用大，基础设施相对完善	吉林省松原市扶余市弓棚子镇广发村
文化传承型	主要是在具有特殊人文景观，包括古村落、古建筑、古民居以及传统文化的地区；乡村文化资源丰富，具有优秀民俗文化以及非物质文化遗产资源，文化展示和传承的潜力大	河南省洛阳市孟津县平乐镇平乐村
渔业开发型	主要在沿海和水网地区的传统渔区；产业以渔业为主，通过发展渔业促进就业，增加渔民收入，繁荣农村经济，渔业在农业产业中占主导地位	广东省广州市南沙区横沥镇冯马三村
草原牧场型	主要在我国牧区半牧区县(旗)、市，占全国国土面积的40%以上；草原畜牧业是牧区经济发展的基础产业，是牧民收入的主要来源	内蒙古锡林郭勒盟西乌珠穆沁旗浩勒图高勒镇脑干哈达嘎查
环境整治型	主要在农村脏乱差问题突出的地区；农村环境基础设施建设滞后，环境污染问题较突出，当地农民群众对环境整治的呼声高、反应强烈	广西壮族自治区恭城瑶族自治县莲花镇红岩村
休闲旅游型	主要是在适宜发展乡村旅游的地区；旅游资源丰富，住宿、餐饮、休闲娱乐设施完善齐备，交通便捷，距离城市较近，适合休闲度假，发展乡村旅游潜力大	江西省婺源县江湾镇
高效农业型	主要在我国的农业主产区；以发展农业作物生产为主，农田水利等农业基础设施相对完善，农产品商品化率和农业机械化水平高，人均耕地资源丰富，农作物秸秆产量大	福建省漳州市平和县三坪村

① 《农业部发布中国"美丽乡村"十大创建模式》，参见农业农村部官网：http://www.moa.gov.cn/xw/zwdt/201402/t20140224_3794984.htm。

此外，北京市依托城市丰厚的物质资源，“在京津冀城乡一体化协调发展的大背景下，北京延庆县（现为延庆区）和河北怀来县共同建设了延怀河谷葡萄产业带，构建了‘一区、两岸、四中心、多组团’的空间布局，带动了一二三产业的联合发展”（黄薇 等，2015）。在中部地区，湖南省从全局出发，深入构建美丽乡村建设的创新机制，在全国首推制定地方标准《绿色乡村》，全方位指导加强美丽乡村建设（匡列辉，2018）。江西省实施了“和谐秀美乡村建设工程”，从多方面统筹规划，以新型城镇化的格局为发展契机将江西农村建设为“五美”（村容美、生态美、庭院美、身心美、生活美）和“四和谐”（人与自然和谐、经济与社会和谐、家庭邻里和谐、党群干群和谐）的和谐秀美乡村（池泽新 等，2015）。在西部地区，当地政府起到了非常重要的作用，作为协同机关需要重点扶持绿化改造项目，促进产业转型的同时考量环境影响和承受能力（陈润羊，2015a）。四川省眉山市丹棱县努力提升村容整洁，努力解决乡村环境脆弱以及生态薄弱等问题，充分依靠旅游资源建设自然风光，“把发展经济林果、庭院经济与村庄绿化有机结合起来，体现‘一村一品、一村一景、富民美村’的效果”（陈润羊，2015b）。贵州省在美丽乡村建设运动中，主要以村落观光和乡村休闲两种类型居多，如赤水市丙安村、务川县龙潭村等，结合风景名胜区的旅游资源条件开展村落观光活动；凤冈县长碛村、湄潭西河镇石家寨等以农家乐为主要开发形式，吸引城市居民到乡村休闲”（刘冰洁，2018）。

美丽乡村建设是中国共产党和中国人民在特定历史条件下的必然选择，但应该注意的是，由于中国不同地区有着不同的经济、社会和文化条件，这意味着美丽乡村建设必然存在一定的差异性。美丽乡村建设不应违背乡村发展的自然规律，各级政府和行政部门要坚持从全局出发，科学规划，有效管理，对其进行管理。在美丽乡村建设中，要处理好统一标准与尊重差异的关系。一方面，中国幅员辽阔，发展不平衡，各地发展模式多样，因此要因地制宜，尊重差异，保持自身特色。在此基础上，对美丽乡村建设的项目规划、项目管理以及建设标准等应有一些通用统一的要求。总之，要从源头上标准化、嵌入式管理，防止各行其是。另一方面，农村建设除了要标准化、基本公共服务均等化，还要把该地区一些独特的古村落以及村里的非物质文化遗产保护好，将传统文化的优势发挥出来，而不是简单地使用统一的标准进行同质化改造（王卫星，2014）。

总的来说，美丽乡村建设作为一项系统性工程，在党和国家的高度重视下，经过多方长期协同合作，针对各地区参差不齐的发展水平，运用科学的管理机制，结合各地区的区位优势，不断探索创新，已经初显成效，构成了一幅具有中国特色的美丽图景。

第二章 美丽乡村建设多主体共建共治视角

美丽乡村建设由政府、社会、市场等多方主体共同参与，牵涉到多方主体利益，同时也关系到政府、社会、市场、生态等多个系统的复杂互动。美丽乡村建设所具有的复合型特征，意味着仅依靠政府的单打独斗、市场的良心自律抑或村民自主治理都难以保证建设的高效性与持续性。针对利益协调以及复杂的互动关系，不仅需要各个主体发挥自身作用，同时也需要各个主体之间能够充分进行合作协调。只有政府、社会、市场等相关主体通过自觉、自愿的集体行动开展共建共治，才能实现合作共赢、利益共享。再进一步说，美丽乡村建设的内生之美强调自主性，要求突出体现人民群众的主动性和创造性；地方政府应在尊重人民群众的首创精神的前提下，不断为其提供制度保障；同时需要借助市场的力量，在资本、技术等方面提升美丽乡村建设的动能。

本章首先明晰多主体在参与美丽乡村建设过程中所扮演的角色，结合内生之美，阐明各主体发挥的作用；其次回顾政府、社会、市场在参与美丽乡村建设过程中存在的不足和问题，并指明多主体共建共治的必要性；最后在“内生的美丽乡村”主题下，表明政府、社会、市场力量应当在共建共治原则的引领下完善具体制度中基层互动的实现路径以及特色化的协调机制建设的观点。

第一节
由单一主导迈向多元协同共治

乡村发展实践的重要目标之一是要满足人民对美好生活的向往，这里面一方面暗含着乡村实现振兴的内在动力，同时也体现出国家政权建设的伟大目标。乡村发展涉及不同理论视角，需要对其中所包含的内在主线进行剖析，即各种要素是如何交织在一起共同影响乡村发展的。不同的历史阶段，国家目标与乡村需求都不尽相同，唯有透过具体的实践才能准确把握，尤其是现阶段乡村实现精准脱贫后，推动乡村振兴就需要在社会实践中寻找各种因素的最佳结合点，进而解决不断涌现的实际问题。

没有内在动力的美丽乡村建设是不可持续的，需要通过发现、引导、培育内生力量推动美丽乡村建设。多主体共建共治美丽乡村，应当聚焦内生性及其培育，突出“内生”这个灵魂。现有针对农村环境治理的研究主要有政府主体视角、社会主体视角、市场主体视角三种主要路径。优化基层治理结构、转变治理方式、提升治理能力，成为推动美丽乡村建设以及乡村全面发展的重要路径。本节将以乡村环境治理为例，分析三种不同视角在推动乡村治理与建设中的效力与边界。

一、政府主体视角

以政府为主体的路径，强调政府在农村环境治理中发挥主导性作用，国家的政策、法律法规等行政手段是其主要的治理策略。首先梳理农村环境治理的政策体系，然后阐述具体的治理实践以及所面对的难题。

（一）农村环境治理的政策体系

过去农村环境治理主要表现为政府主导模式，不同时期的政策安排存在较大差异。在政策方面，农村环境治理经历了从无到有、从碎片化到整体性的转变。1977 年以前，农村环境治理政策基本为空白。随着工业化进程的加快，农村生态问题日益严重。1977—1994 年，针对农村的环境治理政策开始实施，但主要停留在理念和口号层面，缺乏有效的治理行动。1995—2001年，农村环境污染问题日益严重，并由农业污染扩大到生活污染。国家出台了相关政策，在控制农业污染方面取得了一定成效。2002—2012年农村环境治理全面加快，在农村污染日益加剧的背景下，国家提出要树立和实施可持续发展的理念。这一时期，农村环境保护法律法规、政策标准得到了建立和完善，治理的内容和范围得到了提升。2013年以来，生态文明建设不断推进，农村环境保护进入全面深化时期，国家层面提出了建设美丽乡村的总体要求（杜焱强，2019）。

政府在农村环境治理中发挥着主导作用，决定着治理的方向和具体方案。可以看到，随着政策体系的变化，环境治理的概念也在不断地演变，已经从以往忽视农村环境问题演变为关注美丽乡村整体建设。在治理结构上，始终能够看到政府的主导性地位，并且在政府的引导下，其他主体也逐渐参与进来。治理手段也从依靠行政手段向法律法规、经济技术和资源合作相结合的综合方式转变。农村环境保护与治理已经形成了以政府层面制度安排为核心的自上而下的治理路径，环境标准、资金分配、奖惩措施均由政府制定并监督。环境治理往往以任务型的项目制推进，通过层层下达命令的方式要求相关部门履行责任，一般会有较高的效率与充足的资金，所遵循的是“命令-控制”的模式（杜焱强 等，2018），该模式具有较强的动员能力。与此同时，还应注意到由于农村环境污染广、散、多，容易产生供需失衡、成本收益不对等以及后续供给管理等难题，耗费人力物力建设的基础设施可能陷入闲置浪费的困境。

（二）政策主导下的实践

宏观环境政策具有系统性、整体性特征，只有依托于基层政府并在特定村庄中落地，才能真正发挥作用。农村环境治理在“乡政村治”的体制下展开，具体操作则以基层政府为主导。有研究通过对农村环境治理政策演变历程的文本分析，发现地方政府始终在农村环境治理中扮演着绝对主导者的角色，而且在未来的治理体系中，各级政府在明确环境治理职能的基础上仍需要充当“掌舵人”角色（陈秋红 等，2018）。乡镇领导干部治理环境的意愿与环境政策实施效果紧密相关，而前者往往受到乡镇环境保护机构权限、地方财政、县级环保部门的支持等多重因素的影响（李君 等，2011）。越来越多的研究也关注到了以政府为主导的治理路径在面对环境危机时所呈现出的治理低效问题。基层政府在执行环境政策过程中普遍存在“合谋”“诉苦”“做作业”等政策异化情况（姚荣，2013）。信息不对称、行政分割、地方保护主义以及缺乏公众参与等现实因素，导致了政府主导的治理方案与农村环境问题的不兼容（胡双发 等，2008）。

总体看来，在我国现有行政体制的权责配置中，基层政府面临着“权轻责重”的困境，再加上“项目制”治理模式在实践中丧失自主性、灵活性与科学性，限制了农村环境治理的成效（吴柳芬 等，2018）。为了更好地解决农村环境问题，有研究提出构建以《环境保护法》为基本法、以特殊环境领域单行法为支撑的农村环境法律体系，确保在农村环境治理中有法可依（肖萍，2011）。也有研究认为行政主导治理的理念偏差造成了农村环境治理陷入困境，地方政府需要转变职能并确立服务地方经济社会发展的治理思路，以此构建与农民共治共享共赢的实践路径（熊小青，2014）。已有研究关注到政府治理路径的优势与局限性，但并未提出实质性的解决方案。这一路径因未与市场、社会形成相互衔接的治理网络，而导致其在农村环境治理中的低效。

总而言之，以政府为主体视角的分析路径是从国家目标、国家能力、制度体制等角度，观察自上而下的乡村发展变迁的过程。此类视角认为，乡村社会诸种问题的产生源自制度规则的自身缺陷，因而需要对村庄进行行政化改革，建立以公务系统为主的现代科层体系（张静，2000）。此类视角往往会将乡村发展陷入困境的主要原因归结到基层组织的职能定位和行为变异，例如从“谋利型政权经营者”（杨善华 等，2002）、“悬浮型政权”（周飞舟，2006）、“依附型政权”（饶静 等，2007）等概念都可以看出基层政府角色的异化。压力型体制下各种发展的任务被集中传递至基层政府，而当基层政府缺乏有效地提取资源的制度化与组织化手段时，就只能依靠“乡村利益共同体”（贺雪峰，2018）。国家为了规避地方政府的种种谋利行为，通过技术治理手段削弱基层组织的治权，试图建立与农民的直接联系（李祖佩，2012）。从国家政权建设视角出发，可能看出制度因素在乡村发展中的功能与作用。构建制度化、规范化、专业化的制度体系被认为是影响乡村社会发展的主要因素，即通过自上而下的制度建设与制度创新解决当前乡村发展所遭遇的困境。但应注意到，此种分析视角在具体实践中容易滑向“结构-功能”主义，这在有意无意间忽视了村庄自身在发展实践中所承担的实际功能与作用。最为关键的是这种研究路径很难解释为何在相似的制度环境下，村庄发展会出现截然相反的发展成效。此外，制度本身也需要在具体的实践中得到检验与进行创新，如果单独分析制度因素，将难以理解复杂多变的乡村发展实践。

二、社会主体视角

农村环境治理政策的转变之一就是承认村民的主体地位，要求发挥村民的积极性，引导、鼓励农民加入保护环境、治理污染的过程，这形成了社会主体的治理路径。这一路径强调社会公众在环境治理中的主体性作用，认为通过培育社区组织与村民自治观念，能够实现农村环境治理的自主决策、治理与监督。社会主体治理路径主要沿着两个大的方向展开，分别为以村民为主体的参与式治理以及组织化治理。

（一）参与式治理

以村民为主体的参与式治理是一种合作式治理，即政府吸纳村民力量，共同参与村庄环境治理的过程。生活环境主义强调村民参与的重要性，认为对环境的保护和治理应当以能否丰富当地人们的生活为基准，让人们过上充分利用自然的生活，就能够实现对环境的保护（鸟越皓之 等，2011）。这一理论将环境保护与内在的生活需求相结合，努力克服自然环境保护主义与现代技术主义的不足，使人们在日常生活中自觉地参与环境治理。也有研究分析了政府管制型模式和市场调控型模式存在的问题，指出以村民为主体的社区参与机制是破解农村环境治理困境的主要路径，环境治理的有效实现离不开村民的参与（彭小霞，2016）。

农村经济社会的发展以及农民整体素质的提升，在客观上为村民参与农村环境治理奠定了良好的基础。一方面，农民的受教育水平普遍有所提升，通过互联网、移动通信等方式，越来越多的农民可以接触到环保知识，环保意识增强；另一方面，不同于政府、市场在环境治理中的逻辑，村民以生活的逻辑对待村庄环境。村民对环境问题的看法和解决方式并不是从盈利或政绩出发，这使得生活的习惯、常识与环境保护问题也具有契合的可能性。因此，农民有意愿且有能力成为保护环境、治理污染问题的行动主体，在农村环境治理中，只有将村民视为主体参与对象并且尊重他们的地方性生活常识与规则，才有可能激发其参与治理的积极性与主动性，从而达成将日常生活实践与环境治理相结合的目的（唐国建 等，2019）。

（二）组织化治理

参与式治理是动员村民个体加入环境保护的过程中的一种治理模式，村民自身没有达到组织化或自主性，而是在特定的治理项目或任务中融合村民的需求与意愿，农民仍处于相对被动的地位。与之相比，组织化治理强调以乡村组织为治理主体，通过组织行动将农民组织起来并使他们自觉、自发地参与到治理中，这种治理模式具有监管成本低、信息完整、长效性等优势，往往能够较好地解决农村生活垃圾等内源性污染问题（李丽丽 等，2013）。以组织的形式参与环境治理，能够在获取环境信息的直接性、充分性以及自发秩序的有效性等方面发挥独特优势（李颖明 等，2011）。有经验研究指出，对重大事件的决议召开听证会、重视集体讨论的举行和村代会的召开是推动环境自主治理顺利开展的主要影响因素（雷玉琼 等，2010）。

总而言之，无论是参与式治理还是组织化治理，环境治理的主体都是农民群体，组织化既能有效地集中环境治理的难题，也能将零散且力量薄弱的农民联系起来，形成独立的社会力量，更能有效发挥农民的能动性，有效应对碎片化问题。但由于存在缺乏统一的指导思想、信息不足、资金短缺等问题，村庄自治实践仍然面临着较多阻碍(郭桂玲，2015)。不可否认，以社会为主体的治理路径是推动农村环境治理的内在动力，同时也是维护农民环境权益的重要体现。但这种参与路径仅在理论层面获得较高的关注度，在实践中依然面临内部动力疲软、外部动力不足的问题。

村庄不仅是发展的对象，同时也是发展的主体。当前在现代化、城镇化的影响下，村庄在发展中暴露出很多问题，于是从社会主体性角度寻找乡村发展的内在动力就成为关键突破口。各地不同的社会文化条件必然会对村庄发展产生不同的影响效应，进而导致不同区域的发展模式呈现出较大的差异性。有学者通过对中国农村的快速发展和减贫的分析，指出其原因在于"一种社会文化主体性激活了中国农村内在的发展积极性、动能和能力，倒逼国家积极、主动作为，呈现出国家、社会文化相互呼应的发展态势，从而有了 40 年的发展成就和奇迹"(王春光，2019)。除此之外，从农民个体理性扩张的角度来看，广大农民是推动国家经济持续发展与繁荣的主体，在部分学者看来正是农民理性的扩张才导致"中国奇迹"的发生(徐勇，2010)。纵观乡村发展的变迁过程，中国乡村社会的重建与发展既不能照搬西方经验，也不能回归中国传统村庄自给自足的发展模式。社会主体视角更为突出村庄发展的主体性。改革开放以后，全国各地不同地区的农村发展模式的多样性，的确体现出了中国农村的社会文化主体性与发展活力。

三、市场主体视角

由市场主导的治理模式形成了农村环境治理的第三条路径，其核心是以界定产权的方式来解决公共环境的维护治理问题。产权是一种权利，界定了所有者对资产的使用和相关的收入，具有排他性与可转移性(Demsetz，1988)，其本质是"权利产权"的激励机制，有助于通过市场机制促进资源的分配与效率的提高。Kornai 等人(1990)通过分析社会主义制度下的国有企业，认为公有制下的企业面临软性约束的困境，其行动逻辑不同于受到市场支配的行动者，往往会造成低效率的资源分配。但这一观点存在明显的局限性，中国地方政府在集体企业的经营中扮演着关键角色，尤其是在分税制改革后，财政激励了地方政府发展经济的积极性，他们利用自身的垄断地位，为企业提供很多优惠政策，从而快速促进当地企业的发展(Oi etal.，1999)。周雪光(2005)认为，上述观点都局限在一个具体的框架内，即对基层的所有权进行了明确的界定，但在现实中，组织或企业的产权可能是不完整或者是含糊不清的，例如，企业的决策权力、权利转让资产收入和控制资产可能被削弱，并以此换取当地政府的支持。他将这种现象称为“关系产权”,用以强调组织与环境之间建立在相互关联、相互融合、相互依赖的稳定基础上,产权的结构被用来维系和稳定一个组织与它们的环境之间的关系。

当环境保护和治理被视为一种经济活动时,相关主体就变成了追求自身利益的个人或经济组织。环境资源的产权或所有权决定了从事环境资源经济活动所能获得的利益,而相关主体往往根据这种产权来决定其市场行为。产权的独立性强调“代理”和主观性,而产权的经济水平之间的关系,突出强调了制度环境对组织行为的影响,这个属性的基本特征类似一种持续的多边形模式,是一种强有力的、基于认知的制度保障或共享的关系。从环境资源的产权出发,农村环境治理存在以下特征:首先,河流和空气是大自然赋予的环境资源,没有产权的概念,它们是村民共享、共同受益甚至共同破坏的公共资源,而且往往是跨地区的。其次,土地、森林和山脉一般属于集体,村民们有权使用它们,而国家持有合法的土地征用权,这意味着产权是不稳定的,这种多边形远远超出了村民的控制,所以能够给他们带来的收益也是不可预测的。由此可以看出,农村环境资源没有产权或者说产权模糊,难以满足市场机制正常运行所要求的条件(科斯 等,1994),这从根本上决定了无法单独通过市场机制来解决环境问题。

从属性来说,农村环境资源是典型的公共物品,很难区分明确的所有权,这在一定程度上削弱了身处集体中的个人的责任感。在缺乏监督的情况下,再加上管理和有效的奖惩机制的缺失,这使得集体中的个人只想获取利益,但是又不想负责,最后没有人愿意承担责任,进而导致了滥用资源,这样环境污染的风险也就逐渐增加了(王玉庆,2002:66)。在集体行动中个体理性导致集体非理性,从而诱发了广泛的搭便车心理(奥尔森,2014)。从农村市场发展的角度来看,环境资源的外部性和竞争不足也是市场难以发挥作用的重要原因(彭小霞,2016)。在农村地区,市场化水平低,有效的市场竞争没有形成对环境资源的有效保护,比如水通常是免费的,山地森林、土地价格很低,土地转让中无论是和政府还是企业签订合同,给农民的补偿往往很低(冯健,2004)。这种处理方式违背了可持续发展的理念,农民失去的机会成本远大于补偿标准,而征用方则能从中获得很高的收益。在正常的市场机制与政府管制下(例如产权明确且法律明确规定了环保标准),企业迫于合法性问题,不得不承担污染环境的后果,例如在生产环节就提升环保标准、降低污染程度,或者与不同的市场主体进行谈判以寻求最佳的解决方法。但应注意到的是,当污染的对象涉及空气、河流和土地等公共资源时,如果缺乏对所有权的明确区分和对农村环境资源进行无效的管理和监督,企业或个人往往会受到利益的驱使,以破坏环境为代价追求更多的利益。

此外,具体的城乡关系结构和地方发展模式也会影响环境治理。在财政激励的影响下,地方政府往往把经济增长作为提高政治绩效的重要途径,在引进企业的过程中会降低相应的环境标准。企业的关系产权增强了企业与政府之间的关系，但也进一步削弱了企业的管理和监督职能。在城乡二元结构的影响下，农村和城市是从属关系，甚至农村也会成为城市排放垃圾和处理生活垃圾的转移点。农村环境资源具有公共物品属性、产权不确定、市场开发不足和缺乏竞争等特点。与此同时，政府与企业的密切关系也削弱了二者对环境的监管功能。因此，仅靠市场的力量很难实现对农村环境的治理和维护。农村环境的维护和管理不仅要考虑地方政府和企业之间的关系，还要考虑农民的生计问题。引入市场资本有助于促进当地经济发展，但仍需要有行政权力来指导和监督企业，以杜绝利益驱动下违背公共利益和农民利益的行为，确保市场转化为推动村庄发展的强大动力。

总而言之，改革开放以来中国经济所取得的成绩，显然离不开市场力量的有效支撑。从乡村发展变迁的过程来看，工商资本下乡能够解决农业投入不足和要素短缺的问题，将人才、技术和先进管理经验等要素引向农业与农村，这些现代要素的进入有助于促进农业企业化、组织化和社会化经营（曹俊杰，2018）。改革开放以后，乡镇企业异军突起，成为农村市场化进程中不可忽视的一大因素。在农村市场化的过程中，亿万农村人以小型农村集体为单位投身到工业市场领域，换来了村庄的发展（潘维，2003）。市场逻辑的出现能够使我们更为清楚地观察到除国家以外其他主体对乡村发展的影响，但是农村市场化依然存在着结构的不对称性、运行的不稳定性、市场的不完备性以及市场发展的辅助制度不健全等问题，而且中国农村的市场化改革是在国家的主导下展开的，这意味着在考察市场对乡村发展变迁的作用时，很难不将国家因素纳入讨论。换句话说，从市场的逻辑分析，仍然是从外部拉力的角度寻找影响乡村发展的条件，很可能只能看到一些发展的模糊共性，忽视了在具体实践中村庄是各种内、外部主体共同发挥作用的地方，这将难以准确把握造成村庄个性化、多样化发展的具体原因，同时也无法理解村庄发展变迁中各种影响因素相互交织的复杂互动关系。

四、协同共治视角

已有研究关注到政府治理路径的优势与不足，即当前农村环境治理仍需要政府提供强有力的支撑，但是政府“大包大揽”的治理路径不得不承担过高的行政成本。以社会为主体的治理路径是推动农村环境治理的内在动力，同时也是维护农民环境权益的重要体现；但这种参与路径仅在理论层面获得较高的关注度，在实践中则面临内部动力疲软、外部动力不足的问题。市场力量介入农村环境治理的深度与广度有限，比较典型的模式是资本下乡，但其中又贯穿了政府、村组织的踪迹，因此对市场机制自身的探讨则较少。针对当前在环境治理中存在的政府职能界定不清、市场力量参与不深、社会参与不足等问题（张俊哲 等，2012），需要将政府、市场和社会等各方力量结合起来，构建农村环境协同治理的新模式(刘伟，2018)，这种模式往往能够避免农村环境治理的“公地悲剧”，同时也能保证治理的稳定性。农村环境资源的公共性与环境问题的严重性决定了任何单一主体的治理路径都会有其无法克服的弊端，纳入多元主体推动环境治理领域的合作已成为理论与实践层面的共识。

多中心理论认为，“每一个政府可能会在特定地理区域的权限范围内行使重要的独立权力去制定和实施规则”(奥斯特罗姆 等，2000：204-205)，供给单位可以根据公共物品和服务的特点、管辖范围、人口、地方传统等确定具体的供给模式。多中心治理强调“中心”和“自主管理”，突破私有化为核心的企业理论和以强制性为核心的国家理论，允许多个权力中心和服务中心在一起，通过相互合作、竞争的形式，推动环境治理问题的解决。为了解决农村环境治理问题，中央政府出台了一系列政策文件，努力构建多主体的治理结构，使利益相关者在治理过程中充分发挥主观能动性。2014 年《关于改善农村人居环境的指导意见》明确提出坚持政府的主导地位，但也要防止政府大包大揽；要承认农民的主体地位，尊重农民的意愿，动员农民参与环境治理，保障其决策权、参与权与监督权。2017 年，《全国农村环境综合整治“十三五”规划》中多次提出要在环境治理中提高社会资本参与度，进行社会化运营，发挥农民的主体作用、鼓励与引导农民参与其中。2019 年，党的十九届四中全会提出“必须加强和创新社会治理，完善党委领导、政府负责、民主协商、社会协同、公众参与、法治保障、科技支撑的社会治理体系，建设人人有责、人人尽责、人人享有的社会治理共同体，确保人民安居乐业、社会安定有序，建设更高水平的平安中国”①。

虽然在制度安排上确立了多元主体的治理结构，但关于政府、市场与社会之间的互动关系，各自在治理过程中的地位与作用机制，学界尚未给出明确的定论。目前，学界提出了多中心协同治理、官民协同治理、合作治理、多中心治理等多种治理模式。多中心协同治理是指为解决复杂的公共事务，政府与其他治理主体通过合作建构了纵向的、横向的或两者结合的高度弹性化的协同治理网络(杨志军，2010)。官民协同治理则是指政府与人民通过建立“合作共事”的互动关系，以平等合作的方式共同解决公共问题的治理模式(桑玉成，2011)。合作治理是指参与公共事务治理的政府、市场及社会主体在平等的基础上，进行友好的沟通与协作，而不是被动地听从某一方的安排和命令的治理模式(张康之，2012)。这几种治理模式虽然名称不一样，但其内涵都是强调治理主体的多元化、治理结构的协同性以及治理方式的多样化。

---

① 《中共中央关于坚持和完善中国特色社会主义制度 推进国家治理体系和治理能力现代化若干重大问题的决定》，参见中国政府网：http://www.gov.cn/zhengce/2019-11/05/content_5449023.htm。

农村环境治理普遍存在政府职能界定不清、市场力量参与不深、社会参与不足等问题，而协同共治模式则对各主体的职责作出了明确的界定，有利于规范农村环境治理的执行与监督，并推动环境污染问题的最终解决（张俊哲 等，2012）。有研究明确指出多中心治理是应对农村日益严峻的环境危机的主要出路，在治理中应进一步转换政府职能，发挥市场机制的支撑作用，重视社群组织的功能以及强化农民的参与意识（郝德利 等，2013）。农村环境问题的严重性与复杂性，让环境合作治理模式成为解决问题的必然选择，而保障治理主体的多元化和平等性、加强环境教育、建设生态型政府、完善合作保障机制则是模式构建的重要条件（姚志友 等，2016）。总体上看，结构层面的制度障碍、市场行动者的参与功能弱化、农村空心化和自治组织软体化趋势导致原有的治理模式已经难以适应乡村振兴的要求，需要将科层、市场和社会自组织力量结合起来，构建农村环境协同治理的新模式（刘伟，2018）。

综上所述，已有研究普遍认为环境协同共治模式能够避免农村环境治理的“公地悲剧”，同时也能维持治理的稳定性。但协同共治理模式是基于西方社会的实际情况而提出的，对于中国社会而言，这种模式是否适用不能仅仅停留在理论层面的探讨，而要“直面中国社会建设和社会治理实践，促进理论与实践的良性互动”（洪大用，2019），唯有如此，才能更清楚地了解协同共治模式的推行难度、成本消耗以及实际的治理效果。

事实上，不仅仅是环境治理，从乡村发展的整体实践来看，村庄主体性是乡村发展的内源动力，与此同时，国家、市场乃至大的外部社会都在牵引着村庄发展，仅从主体性角度出发容易陷入二元对立的局面，这也在一定程度上忽视了在具体实践中各种内、外部主体因素是相互交织在一起而共同作用于乡村发展。仅从政府、市场主体角度出发，很可能只能找到一些发展的模糊共性，而这些共性往往难以解释村庄发展所出现的差异性。社会文化主体性的确是支撑村庄发展的内核，但是文化视角更多体现的是村庄已有的、静态的、客观的资源，至于此类资源如何作用于发展，并没有非常明确的影响路径，最为关键的是此类视角容易忽视国家力量在乡村中的常态性“在场”。乡村发展需要国家、市场、外部社会的保障与推动，同时乡村内部的主体性也是乡村发展的重要驱动力。

第二节
美丽乡村建设共建共治的困境与必要性

地方社会结构深刻影响了美丽乡村建设的过程，政府、市场以及社会是当下乡村建设的三大主体，尤其伴随着资本下乡，市场对乡村社会的影响日益增强，由此形成了乡村发展的行政化、社会化与市场化等多重逻辑。在政府主导的模式中，虽然依靠强大的行政权力能够快速实现人员和资源的集中，但是却会导致政府权力过度干预乡村发展，这不仅会引发政府部门自身的科层化困境，还会模糊政府与社会之间的关系，压制其他主体的力量，使其他力量难以在乡村建设中发挥应有的作用。而在村庄自治、社会自治或市场主导的模式中，发展过程也会受到特殊关系结构的影响，出现不同的难题或困境。究其根源，在于一元主导的局限性，即难以平衡不同主体的利益关系。多主体协同模式要求融合不同的力量，构建基于政府、市场与社会等利益相关主体的发展结构，在理论上是实现民主协商的基础，在实践层面则是中国乡村社会可持续发展的必然要求。

一、行政化语境下的乡村建设与治理

中国传统的乡村社会是由自上而下的传达指令与自下而上的表达诉求相结合的“双轨制”(费孝通，2007:275-293)，现有的基层治理强调坚持党的领导下多元主体共同参与，党的十九大则进一步确立了共建共治共享的社会治理格局。地方政府对政策的解读与执行过程取决于其对政策的理解以及当地的工作要求，可能会发生政策执行的偏差问题(李瑋，2020)。因此，尽管中央政府制定了乡村发展的基本原则与发展方向，但是多主体的协同共治不可能一蹴而就。在村庄建设中，过强的“行政化”会严重影响其他力量的发挥，挤压村庄自治与市场发展。

（一）过度的行政化

1982 年，村民委员会作为群众性自治组织的性质确立下来。1987 年，《中华人民共和国村民委员会组织法》（下文简称《村民委员会组织法》）正式颁行。村民自治被认为是中国民主政治的重大进步，并已经得到广泛的开展和实践。在 30 多年的探索和改革中，保持村委会的自治和基层政府的管理对乡村治理来说尤为重要，因此明确二者的关系就成为讨论的中心。乡镇政府作为基层政权，与村组织有着密切的关系，这有利于基层政府对村组织的工作进行指导和监督，能够迅速贯彻上级政府的政策指示。然而，在一些农村地区，基层政府对农村组织的干预过于强烈，形成了一种官僚行政，有学者将这种现象称为"半行政化"（王丽惠，2015），即主要是以行政逻辑来进行乡村的整体治理与建设。《村民委员会组织法》中村委会需要"协助乡、民族乡和镇的人民政府开展工作"，但是对于具体的协助程度并没有明确说明，因此在具体的管理细则与任务执行中很容易会混淆乡镇政府与村庄的边界。例如，《村民委员会组织法》（2010 年修订）明确规定，村庄自治要求村委会领导由村民选举产生，村党支部领导由党员选举产生，这是在坚持党的领导的前提下，由村民选举村委会的成员。但是具体的实践中，村委会选举与管理逐渐走向了科层制的逻辑，即村委会干部更加强调专业性，并且他们的收入得到基层政府的保障，接受基层政府的考核，这就使得他们的关系演变为上下级关系，权力的合法性路径也转变为自上而下的模式。这虽然有利于信息的传递和行政效率的提高，但也会直接减少村民的参与，在一定程度上影响了农村建设的基本格局。

此外，在现行的"乡政村治"体制下实行的是村财镇管的财政制度，这有助于规范财务管理，但也有可能加强了乡镇政府对村委会的控制力度。专项资金与具体的行政事务捆绑在一起，遵循"财随事转"的基本原则。很多村级事务是以专项形式下达，并配以专项工作经费，都直接由乡镇政府掌管，而村级干部没有支配权（朱战辉，2019）。因此，由于许多村庄不得不依靠地方政府提供大部分的公共服务，村委会缺乏相应的经济或社会能力，以致无法有效表达村民的意愿，难以维护村民的利益。在这种情况下，乡镇政府可以通过多种方式控制村委会，大大削弱了村委会的自主性，无法保持村委会的自主性和独立性。

在中国的行政体制下，社会动员无疑是党和政府领导基层社会建设的重要方法，也是中国农村发展成功的重要法宝。项目的明确激励和上级政府的"集中力量办大事"是基层建设顺利开展的最重要保证。在现代化进程中，国家战略任务的部署和社会治理任务的实施很难由政府部门单独完成，因此动员各种力量参与国家建设成为一种新的途径。在这方面，既要加强农村基层党组织的内部凝聚力，又要不断组织外部党外成员的吸引力和号召力(彭汉琼,2012)。然而,在基层乡村治理与建设过程中,存在过度动员的问题,导致基层政府的“政绩为本”工程频现。周黎安(2007)提出了对中国地方经济发展的经典解释——政府的分权包干与官员的晋升激励。以官员晋升为激励,将 GDP 增长作为奖杯,鼓励同级政府官员为追求 GDP 增长而相互竞争,促进整体经济总量的扩大,即竞赛机制。地方政府在追求政绩的过程中,往往忽视民生需求,通过行政命令盲目推进农村社区建设,导致基层治理出现真空现象(黄家亮,2015)。因此,如何厘清乡镇政府与村组织的边界十分关键,既要保证基层政府对村组织的领导与监督作用,又要给予村委会一定的独立性以便充分发挥村组织的能动性。

(二)受到挤压的自治性

行政力量主导农村发展,有利于提高某些项目的效率、规范治理过程,这在一定程度上推动了乡村的现代化发展。同时,行政任务向下的过度累积,使得村“两委”干部需要更多地向上衔接,在没有太多选择权的情况下,去完成上级政府所布置的各类强制性任务,但有些任务并不一定与村庄的发展有关。这种模式导致乡村干部很难与村民沟通和协商,进而真正维护好广大村民的实际利益。在这种情况下,乡村建设的目标可能被异化或更换。因为农村实施的一些建设项目可能不符合村民的期望,村民的利益可能得不到有效保障,取而代之的是完成指标和提高性能,这就可能造成严重的形式主义或形象工程现象,引发项目延迟与浪费资源等问题。

另一重问题在于不同部门或村庄之间的沟通与协调存在障碍。受中央与地方关系的影响,不同的地方政府之间往往是一种相互竞争的关系(孙秀林 等,2013)。地方政府必须努力促进地方发展,提高政府和官员的政绩,以维护和增强自身合法性。在这个过程中,不同部门之间的利益划分也更加明显。农村建设一般是一个综合性的过程,可能涉及多个部门或多个村的合作。但是,对于不同的部门或村庄来说,某些项目可能不符合他们的利益,因此推动项目实施的力度可能不同,甚至可能延误或阻碍专项计划的推进。在行政村范围内,村干部权力的合法性受到乡镇政府的严重制约,村民对村庄公共事务的影响力逐渐被削弱,村干部的选举过程越来越受到基层政府的干预。在具体的发展实践中,村组织开展的行政事务占了很大比例。这些统一的行政指令使得“村治”在很大程度上脱离了原本的“村治”,不再是一种嵌入式的、结合“村治”实际的互动模式。村庄建设模式明显偏离了设立村民自治的初衷,这不仅削弱了村庄组织的独立能力,忽视了村民的差异性和个体需求,而且在实践过程中增加了行政管理的成本。

此外,无论是村干部的权力合法性、工作内容,还是与乡镇政府的关系,在行政化过程中显然都与《村民委员会组织法》的相关规定相悖（王丽惠，2015）。行政力量的过度干预可能增加村委会和村民之间的矛盾，在涉及村庄招商引资、占地拆迁的过程中，村委会可能会出现与基层政府的“共谋”，使村民的利益受损，长此以往，村委会的权威与信誉都将受到影响，失去作为自治单位的存在。由此可见，农村建设应保持适度的行政干预，而不能陷入过度行政的模式。理想的社会建设需要打破传统的政府部门主义，调动社会力量的作用，发展社会自主性，实现合作治理，构建政府主导、整合各方、多元共治的整合共治模式。税费改革后，基层政权的职能发生了很大变化，其中一个明显的趋势是乡镇（街道）政府在农村治理中的作用有所萎缩，并没有带来社会自治组织和市场组织的良性发育和发展，而且使部分农村地区出现了“权威真空”和“治理性危机”。

总而言之，乡村建设不同于城市社区，农村社会具有地域与血缘的“差序格局”，村干部自然是乡村建设的“关键少数”，扮演着联系国家与农民的关键角色，即对上是贯彻国家政策的执行者与代言人，对下则是动员广大村民参与乡村建设的领导者。发展效率的提高、发展效果的改善，通常需要依托公众的积极参与，需要依托民众贡献智慧和力量。然而，目前乡村建设面临着公共参与有限的问题，社群力量相对弱小，政府成为占据主导地位的主体。而政府的建设方式主要是通过党的政策进行行政化管理，这直接影响着乡村社会建设结构的合理性，导致了乡村发展的内生性乏力。

二、村民参与语境下的乡村建设与治理

传统的乡村社会具有自给自足的传统，表现为“县政乡治”，行政机构仅仅设置到县级，乡镇级别并不设立专门的国家机关，而是依赖宗法、血缘关系进行治理。到近代以来，国家权力逐渐下渗，改变了以往“皇权不下乡”的局面，并且形成了“经纪模式”（杜赞奇，2010）或“第三领域”（黄宗智，2007）的治理格局。中华人民共和国成立以来，乡村社会又经历了土地改革、人民公社、家庭联产承包、改革开放、新农村建设以及乡村振兴等一系列的变革，在摸索中逐渐构建起了国家行政权力与乡村社会权威并行的双轨政治（徐勇，1996）。中国社会呈现出大规模、高速度、复杂性的社会流动，但却遭遇了流动结构失衡的问题，突出表现在乡村青年骨干和相对优秀的人才的流出，人才的不断流失已成为当下乡村建设的主要瓶颈。这些改革与变迁深刻地影响了乡村社会的内生秩序，在协同共建共治乡村环境的过程中又形成了条件与基础，具体表现在村民的行动逻辑与认同逻辑中。

（一）村民的行动逻辑：公与私

制度变迁的动力可能是某一主体为了追求潜在的利益机会而自发的交替过程，也可能是在现有制度下人们为了生存发展而作出的努力和个人期望获得最大的潜在外部收益（徐晓军 等，2011）。美丽乡村建设的结构性变化可能是自发的，可能是潜在的，也可能是外部力量自觉驱动的过程。村民对自身利益的界定关系到他们在建设中的具体行动，这首先体现在对公共和私人概念的界定上。有关“私”的问题，是个“群己、人我的界限怎样划法的问题”（费孝通，1998：25），其边界可以伸缩，视具体情境而定，在不同情况下，“私”可能指个人、家庭、家族或者更大的村庄。人们依靠内在的文化本能来对待“局内人”，而对待“局外人”则依靠理性的算计（贺雪峰，2006）。与可伸缩的“私”相对应的，是村民团体生活的匮乏与公共观念的缺失。梁漱溟认为“所谓公共观念，即指国民之于其国，地方人之于地方，教徒之于其教，党员之于其党，合作社社员之于其社……”之类的观念，而中国人则是“于身家之外漠不关心……国家观念之薄弱，使外国人惊奇”（梁漱溟，2018：68），关心集体、参与公共事务一直是村民日常生活之外的内容。公共和私人之间的灵活区别是由不同的秩序模式决定的，它以家庭、宗族为基础，以习惯意识或文化意识的形式存在，每时每刻都在影响着村民的社会行为。

围绕着公与私的观念，村民们会形成“自家”与“他人”的区分，在实际行动中，关注私利而忽视“公益”，预期的个人收益成为很多村民的行动出发点。农村建设是一个长期和持续的过程，在行政干预的影响下，村庄的公共事务逐渐交由政府负责，导致村民不愿意花时间和精力去参与村里的干部选举或其他公共事务，出现强烈的“公”“私”差别逻辑。当集体事务需要个人或家庭作出让步时，他们往往因个人利益而不愿妥协。例如，在修建农村道路、学校或其他基础设施时可能会拆除宅基地和农田，所以往往会因为村民个体的反对而大大增加时间和金钱的成本，阻碍建设发展进程。在具体的实践中，村民们“一说是公家的，差不多就是说大家可以占一点便宜的意思，有权利而没有义务了”（费孝通，1998：24）。在中国传统社会中，个人和家庭依靠宗族或其他形式的组织来满足公共事务的需要，宗族的地位是突出的。但目前，农村公共服务普遍由国家提供，大大削弱甚至消解了传统组织如宗族的自治功能。在农村建设中，村民一旦只将个人利益作为标准考虑是否参与村务，这将导致办理村务时带上极强的个人局限性，容易出现“公地悲剧”；若村民漠视村庄建设，又会增加基层政府的压力。总之，村民参与是乡村建设的关键力量，其主体性地位不应被削弱。

（二）村民的认同逻辑：利益与情感

村民对村庄的认同是结合了利益与情感而形成的关于个人身份、人际关系、群体归属以及利益获得等方面的认识，一般可以分为利益认同与情感认同。不同的认同类型将会影响人们对村庄建设的态度与行为。利益认同与情感认同越强，村民越可能参与村庄建设，反之村庄凝聚力削弱，村民参与度降低。由于村民持有特殊的“公”“私”观念，其对利益的衡量包括了不同层面，例如个人利益与集体利益之分。村民是否支持并主动参与村庄建设，在很大程度上是以利益作为基础变量的。有研究发现，村庄做好“分配型利益”与“发展型利益”时，村民更愿意支持乡村建设；当个人利益与集体利益高度耦合时，村民参与的驱动力也会更强；当基层政府、村组织与村民的利益一致性更强时，项目建设与乡村治理也都会更顺利（王惠林 等，2018）。但是由于村民的关系结构是差序格局，村民在不同情境中的利益认知与理性计算则可能因为关系定位的不同而发生变化。以利益关系为基础的乡村治理见效快，但长久来看更容易出现搭便车问题，即大家都想要从中获益，导致责任感较弱、义务感缺失。

在传统乡村社会，家族、宗族提供了大部分的公共所需，人们生成了对家族和宗族的认同感，“一荣俱荣、一损俱损”的集体感促使人们能够为共同体而努力。这是在利益认同的基础上形成了信任感、归属感与忠诚感，这样一种情感有助于形成稳定的集体认同，对包括保护环境在内的村庄建设会投入更高的积极性与更大的热情。对于乡村地区来说，虽然自治传统由来已久，但是近代以来与官治时常混淆，组织、权限与区划都变化无常（梁漱溟，2018：71），在近几十年的改革中，村庄的边界时常变更。当下的“撤村并居”也进一步削弱了村庄共同体的原始认同，在统一、标准化的建设项目中，村庄的存在感反而降低了。通过网格化等新型治理方式将村民机械地联结起来，很多村民或是漠不关心集体利益，或是被动加入乡村组织。因此，推动乡村建设亟待培养知识化、专业化、组织化以及市场化的新型农民，实现农民之间的合作（高帆，2007）。但事实证明，乡村组织也有可能被个别能人所操纵，陷入家长式管理模式或者个人主义当中（丁国胜 等，2016），仍然难以实现真正意义的村庄内生性建设。这再次证明美丽乡村建设之路虽然要尊重村民的主体地位，却不能完全以村民为主导。如何正确安置村民的地位、科学发挥个体的能动性与创造性，是美丽乡村建设中迫切需要解决的问题。

从对杨村的分析中可发现，通过美丽乡村建设，村庄的基础设施环境得到显著改善，随着生态保护观念的广泛普及和环境整治工程的不断落实，村民不用再忍受垃圾围村、水土污染等问题，生活质量得到明显改善。在优美的生态环境以及良好的生态理念的熏陶下，村民们的参与意识在潜移默化中得到提升。村民会在日常生活中将参与环境治理的职责与个人的实际利益挂钩，保护环境就意味着保护自身的切身利益。村民会自发在日常生活中积极配合村庄的环保宣传工作，同时自觉参与到护河、护林、垃圾分类等领域的环保活动之中。例如在 2017 年，村庄推行了“垃圾不落地”试点工作，取消了村内公共区域垃圾桶、垃圾箱等卫生设施。村民自愿配合，并在固定时间内将垃圾分类后投放进保洁车，做到了生活垃圾不落地、日产日清。村民在参与村庄建设的过程中，通过自我管理、自我学习和自我服务等形式，实现了由原子化、理性化的状态向组织化的转变。总之，在不断参与建设的具体实践中，村民的生活方式发生了重大转变，村庄内部的团结与合作程度得到增强，这又进一步强化了村民的集体意识以及对村庄的归属感与认同感。

三、资本下乡语境下的乡村建设与治理

近年来，越来越多的工商资本注入乡村地区，进行土地的整理、流转以及新农村建设，学界一般将之称为“资本下乡”。资本下乡有助于应对乡村地区日益严重的农村劳动力外流、人口老龄化以及村庄空心化等难题，分享城市发展的成果，为乡村经济与社会发展注入活力。工商资本流入乡村地区，其具体形式、发展状况与村庄内部的利益关系、社会基础密切相关。虽然资本下乡在一定程度上提高了农业生产力，但是也存在权力与资本共谋、资本外逃、经营不善等问题。逐利性是资本的本质，离开逐利性，资本也丧失了存在的必要性。在对资本下乡的研究中，部分学者认为资本下乡的目的是争夺本就不多的农业收益（贺雪峰，2013a：60），通过对土地的整治，为房地产业、观光旅游业等项目的发展作铺垫（周飞舟 等，2015）；有的学者将其看作“圈地囤地”的过程（赵俊臣，2011）；有的学者认为，通过获得土地、林地的所有权，资本下乡可以获得政府补贴与银行贷款（郭亮，2011）。这些观点主要从资本下乡的动机着手，有一定的合理性，但并不能用于解释资本下乡过程中出现的问题，尤其是“毁约弃耕”等现象，更无法用资本逐利的本性来解释。

（一）资本脱嵌于乡

乡村地区处于现代社会的神经末梢，在被侵入的过程中仍然保留了浓厚的传统文化。传统文化通过内在与外在的方式来影响村民的社会行为：其一，在村庄中占有主导地位的规范、价值等，限制了村民参与活动的形式与范围，规范了个体在社会生活中的行为；其二，文化会以潜在的方式来建构村庄的内在秩序，包括村庄中的分类标准、群体关系乃至对技术的定义等[①]，这些文化形式构成乡村社会的内在秩序。工商资本的下乡正是内嵌于其中的，二者的关系往往决定了工商企业的发展状况。徐宗

---

① DiMaggio Paul, “Culture and Economy”, in *The Hand book of Ecomormic Socialogy*, ed. Neil J. Smelser and Richard Swedberg(Princeton, NJ:Princeton Univesity Press,1994), pp. 27-57.

阳(2016)在对华北地区的公司型农场进行研究时提出，农场内部与外部都会产生问题：就内部来说，农业的特殊性会衍生偷懒、懈怠等问题，还需要通过组织与管理方式来激发承包人与雇佣工人的积极性；在农场外部，外来农场可能会与当地村民之间产生矛盾，例如信任危机、边界争议乃至盗窃农作物等争端。在他看来，这些问题的出现并不仅仅是由于管理的问题，更在于外来资本与乡土社会互动不畅导致资本没有完成本土化。

作为一种外生的力量，资本的逻辑与权力的逻辑、自治的逻辑不同。资本的逻辑虽然能够有效地缓解农业劳动力不足、人口外流问题，并能提高农业生产效率，但必须建立在处理好与基层政府、村组织、村民之间关系的基础上。资本下乡需要深入嵌入到村庄秩序中，挖掘内部的社会关系、伦理规范与利益结构等，真正地做到扎根乡土。同时，资本下乡过程中所出现的困境也证明了协同共建共治的必要性与科学性，只有在多主体的共同合作、监督中，资本才能更顺利地运作。社会的急剧变迁必然会带来利益格局的深刻调整和社会规范的松动，而这些往往又会引发利益纠纷。在众多村庄的发展与实践中，大量项目资本涌入，正因为缺乏参与监管和严格控制，存在着财务支付打白条、手续不齐全，部分工程建设项目不招标、不审计，代收代付，零星工程不走程序等问题，对美丽乡村建设产生了负面影响。

（二）资本嵌入过度

资本下乡一方面存在着工商资本无法嵌入乡村社会的情况，同时也出现了资本嵌入过度的情形，过度嵌入同样会侵害村民的合法权益。基层政府与工商企业合作，将自上而下的项目资源转交给企业，主要是通过项目包干制得以实现。这种运作方式能够发挥资本的积极性与主动性，但基层政府应当对其进行严格的监督与审查，以保证项目落实到位，实现乡村真正的发展。有个别政府为了调动资本的积极性，只要程序合法、结果合格，就很少干预具体执行过程，从而使资本运作的自由性增大，留下了资本与权力共谋的隐患。此外，工商资本落地到特定村庄中，必然要与村组织产生密切联系。在个别村庄中，乡村建设被异化为私人企业或者合伙企业(孔祥智 等，2006)，成为个别人谋取私人利益的工具。例如，村支书作为企业所有人，村组织成员以不同方式与企业保持复杂关系，企业与村组织高度重合，逐渐演变成封闭的利益圈，削弱村庄的公共性，侵蚀村组织的自治性。为了维持更高的个人利益，资本会努力将村民排斥到利益圈之外，加剧资本对集体利益的垄断(卢青青，2019)。

无论是中国几千年以来的传统文化，还是新中国提倡的价值准则，强调的都是“义务本位”的集体主义观念，如“集体利益至上”“舍小家顾大家”。改革开放以来，随着新一轮经济领域改革的深入，人们的思想观念、价值取向也逐渐发生了变化，其中一个最重要的转变就是个人权利意识的崛起，甚至可以说在短短几十年中，人们更加注重维护自己的权益，更在意张扬自己的个性。从消极的方面来看，导致大量阎云翔等学者所说的“无公德的个人”的出现。人们自私性膨胀而集体意识淡薄，只注重个人权益而忽视公共权益，倾向于牺牲公共利益、获取个人利益。农民“自私性”和“原子化”的一面得到了强化，且难以形成共识，利益的争夺变得明目张胆，这是中国农村发生的最为深刻的变化之一（阎云翔 等，2017）。

总而言之，乡村发展具有其区域、文化、社会等特殊性，这些特性被认为可能会影响资本在乡村的运作过程。在分析乡村建设时，应将关注点放在特定的时空结构与乡村秩序中，这一方面表现在乡村利益结构的复杂性，另一方面表现为内生的社会秩序，尤其是内在惯习等固化的行为模式。资本下乡可能“水土不服”，导致遭遇发展危机，也有可能与内在的利益关系牵连过深，侵害广大村民的个人利益与村庄的集体利益。

四、多元化共建共治的必要性

前文分别从村组织、村民以及工商资本等角度论述了乡村建设中可能出现的难题，归根结底在于主体之间的关系没有得到正确处理，无论是政府主导、村民自治，还是资本驱动，都可能仅促进村庄在单一维度上的暂时发展，但是各主体关系的失衡难以保持稳定的关系结构，难以使美丽乡村建设走上可持续的发展道路。不同主体对村庄的解读方式存在差异，对于村民来说，村庄是其展开全部或大部分社会生活的场所，是融合了物质利益、情感体验与心理归属而形成的日常生活空间，其行动中既包括追求物质利益的工具理性行动，也有遵循固有惯例的传统性行动，或是表达对家庭、家族或者村庄的热爱、忠诚的情感性行动，同时也有渗透了道德、信念等而形成的价值理性行动。

（一）多元主体参与的现实必要性

由多样化动机而构成的村民意愿呈现出一定的碎片化特性，甚至带有盲目性，导致村民在处理具体乡村事务中难以达成一致性，因此需要对之进行适当的引导与组织，在大多数情况下这一重任往往落到村委会身上。传统乡村社会立基于熟悉的社会关系，通过情、理、法形成了一种日常生活的非正式权力，用于规范村民的日常行为。家族、宗族掌握这种权力的同时，需要满足个人和家庭在农业生产等方面所需要的资源与服务。当乡村地区的大部分公共服务由国家提供时，基层乡镇政府既掌握了乡村建设的行政权与财权，也承担着政绩、晋升与乡村发展的政治压力。乡镇政府需要完成上级所下达的行政任务，这些任务又被拆解开来分配到村庄层面，由村组织具体执行。村委会不是正式的行政组织，亦不能脱离基层政府而独立自治。这就决定了村委会既要接受基层政府的领导，又要密切联系村民，了解村民诉求。这种双重属性使村委会容易陷入角色混乱甚至扭曲中，科层制所赋予的行政权力是强制性的权威，带有很强的政治理性；而自治权力则来源于乡规民约与村民的认同，会表现出更强烈的价值理性。

当村委会履行行政任务时，虽然能够给村庄与村民带来资源与资本，也会将行政性的话语、规则嵌入乡村治理过程，逐渐使追求经济目标与政治目标的工具理性占据主导地位，而村庄的凝聚力、村民的个人诉求与情感归属则可能有所弱化。与此相反，若村庄着眼于解决村民的个人诉求，也可能陷入碎片化事务中，影响村庄整体利益的实现。以往中国乡村采用分类建设形式，如人民公社时期是通过阶级划分进行分类，分田到户后在土地调整、综合治理等方面采用不同的分类体系。但是到了以户为单位的治理中，村民的个性化诉求很容易使村干部、乡镇干部都陷入低效应对中（申端锋，2010），进而导致乡村建设与治理陷入困境。与此相似，资本下乡的过程无疑是追求经济理性的行动过程，但资本必须要在政府权力与自治权力的监督之下运作，才能保持利益关系结构的平衡。

总体来说，美丽乡村的建设不能单一地依靠政府权力、工商资本或村组织，而是需要多主体的合作共治。只有不同主体之间相互合作，扎根于村庄内在的社会秩序、文化惯习与利益关系，才能有效应对不同情境下的建设与治理问题，真正增进农民福祉，促进乡村的发展进步。

（二）多元主体参与的理论应然性

美丽乡村建设迫切要求改变单一的或者不平衡的主体关系，建立政府、市场与自治组织共同参与的乡村治理与建设机制，在制度化的框架下相互合作、有效发挥多元主体的效用，为实现乡村建设目标而展开集体行动，摆脱乡村建设困境，实现乡村治理从单一化到多维度、从碎片化到整体性的进步与发展（李雪松，2020）。在发展主体的层面上，表现为构造社会建设的共同体，实行多元化的治理，这是结合了西方现代治理理论与中国乡村特色的结果，具有理论的应然性，而这种变迁也是依据社会发展现实而作出的理论改革。多元共建共治模式的核心在于建构一个公共性的治理形态，将个人利益、集体利益与国家利益结合起来，进而构建由公众与国家共同组成的社会共同体。在内部的不同主体或组织之间应形成利益一致、目标趋同的有机系统，遵循互动协商、权责对等的原则，共同致力于解决社会问题（陈松 等，2020）。在美丽乡村建设过程中实现共建共治，是社会主义协商民主制度的核心要求。从政府的角度来说，多元化治理要求从全能型政府转变为多元主体共同参与的有限责任政府，政府是重要的制度供给主体，但是具体规则的执行必须要获得多元主体的协同。制度的长期维续在于所有主体利益可以相容且在制度框架下实现共赢（郁建兴 等，2020）。

乡村多元化发展模式意味着自上而下与自下而上相结合，发挥社会主义制度下协商民主的作用，克服主观上的唯命令论，充分尊重人民群众的意愿和建议。实现共建共治、构建发展建设的共同体，决定了应当将主体间性作为乡村治理的基本原则。主体间性指的是两个或两个以上的主体之间的关系（郭湛，2011：199），与主客关系相对，它有助于克服唯政令的中心性原则，让不同主体之间展开沟通、交流与互动。这意味着个体拥有对公共事务的发言权，他们能够形成“关于整个社会重大议题和需要管理的内容的意见和意志，这些非正式的意见能够贯彻在选举抉择与行政决策中，并将人们的交往权力转化为行政权力”（哈贝马斯，2002：289）。基于沟通交往，不同主体能够达成共识。本质上摒弃了传统的政府中心论，每个主体都能基于利益、情感、价值等方面的因素而积极主动地参与社会的建设与发展，即使是在相互矛盾、冲突的情况下，也能够通过协商、沟通，最终寻求共赢之路。中国乡村建设的现实发展也要求多主体的共建共治模式。总之，由于基层政府、工商企业、村组织与民众在具体村庄中的地位、权力、资本、利益不同，其对村庄建设与发展的方式与目标亦存在很大差异，而最终达成共识必须依赖有效的沟通与交流。

现代社会是信息高速流动的公共性场域，这对传统的权力结构造成了巨大的挑战，上行下效的政令模式往往会导致低效的结果，容易引起民众的不满与对抗。一方面，随着民众受教育水平的提高，人们的权利意识增强，尤其关注涉及切身利益的公共事务，他们有意愿并且有能力表达个人观点、参与集体事务。另一方面，在互联网社会，人们接受信息的速度与广度都大幅度提升，这既给社会建设带来了机遇，有助于主体间更好地沟通交流，也会产生更大的挑战。因为随着公众对公共事务的关注度的提高，“一言堂”模式显然容易引起民众质疑，造成社会建设项目难以推进。因此，在特定的乡村场域中，应从过去的“主体-客体”范式转变为主体间性，将个体、组织都看作是社会发展的参与主体，这是权力释放与回归的过程（张洪武，2014），也是通往真正民主协商的必经之路。

总而言之，在乡村建设与治理中遇到的多重困境，集中表现为发展主体之间结构的失衡，这种现状迫切要求构建发展的共同体，实现共建共治，一方面注重民主协商、社会协同与公众参与，强调发挥市场与社会力量，找到不同路径之间的结合点；另一方面，注重中国乡村社会的特殊性，吸取乡村实践的经验与教训，形成适合乡村自身的发展路径。从单一主导到多主体的协同共建共治，是由三种模式的内在局限性决定的，只有不同的主体相互合作，通过有效的沟通交往，才能克服单一主体的不足，确立持久稳定的关系结构，从而促进美丽乡村建设的顺利推进。

在乡村发展的不同阶段，能够看到各类理论视角有着差异化的解释力度，这与乡村发展的目标、重点与阶段水平有关。与此同时，从不同理论视角中寻找共性因素，既是理论创新的重要突破口，也有助于准确把握变化发展的实践。乡村发展所取得的成绩离不开行动主体的实践活动，制度、能动性等因素借助于实践产生交融，从而呈现出一个螺旋上升的社会实践过程。不同理论视角的交互沟通，也嵌入到具体的发展实践之中，进而增强了乡村建设的适应性与多样性。

第三节
美丽乡村共建共治的实践路径

中国乡村建设的核心转变，一方面体现在个体之间从不平等的上下级关系到平等多元的关系，另一方面建设方式从“命令-控制”转变为“多主体协商”。具体来说，共建共治就是要求政府、社会、市场三大部门展开合作，充分发挥各自的优势，实现多重力量的深度融合。共建共治路径不仅有助于推进农村环境治理进程，克服传统意义上的“囚徒困境”“公地悲剧”等难题，而且通过去自我中心化的政治进程，建构交互主体的政治模式，也能够最大限度地实现个人权利（李先敏 等，2008）。多元主体的共建共治为乡村建设提供了有效的分析框架与实践工具，在公共物品的供给与维护过程中，促进政府、市场与社会力量相互合作，有助于提高产品质量与供应效率，降低交易成本，从而获得更大的收益。就目前来看，在中国乡村建设体系中，政府、社会、市场三个方面的力量都有待加强，而且要通过一些具体的实践路径，以实现三者的良性互动，这是未来中国改进乡村发展体系、提升乡村发展能力的一个大方向和总目标。在安吉模式中，党政引领、社会参与、市场参与构成了具体的实践路径，体现了美丽乡村建设运作机制的内在机理。本节将通过分析安吉县的美丽乡村建设路径，深入剖析政府、社会、市场三者所扮演的角色与功能。

一、美丽乡村共建共治的多元力量

美丽乡村建设处于由国家、地方政府、市场、社会组织与村民等不同主体构成的行动场域中，不同主体在特定情境下相互作用，形成了乡村社会建设的基本格局。在不同主体之间有效沟通的基础上，还依赖于国家权力与社会自治权，进而通过权力的分化与双向运行促使政府、市场与社会的良性互动，最终实现善治的目的。在当代中国的国家建设进程中，中央政府和民众建立了直接的、全面的关系。国家与民众之间，构造了新的联结纽带，并由此产生巨大的社会动员能力。中国社会的多元化发展演变、各种社会力量组织能力与国家治理逻辑互相联结，将会成为中国发展的主要推动或制约力量，塑造着国家治理未来的制度安排和发展方向（王卫星，2011）。因此，如何从固有的官僚体制中解放出来，形成国家与社会双赢的实践逻辑，成为美丽乡村建设的一项重要议题。

政府、市场与社会组织并存构成了现代社会治理的基层单元，是现代国家治理的重要主体。美丽乡村建设需要发挥党委领导、政府管理、社会自治、市场配置的作用，实行政府主导、多元共治。作为公权力的掌握者和行使者，政府负责制定公共政策，提供公共服务，依法进行社会监管和控制；市场机制在资源配置中发挥着决定性作用；社会成员通过自治的形式提供互助性、公益性服务（王惠林 等，2018）。乡村建设与治理的前提是各个不同主体间能够形成一个稳固的信任及利益共同体。传统行政主导的乡村建设模式与农村社会的内生系统之间存在一定的张力，进而会影响到主体间合力效应的发挥，以致乡村发展未能取得理想的效果。因此，需要由政府外部行政推动向挖掘、培育和整合农村内生发展能力转变。

美丽乡村建设过程中，需要因地制宜地结合各地区资源、环境、人文等特点，形成具体问题具体分析的因应之策，而非简单地使用一个统一的模式，因此行政政策推行如果不借助于其他相关力量，很容易就变成“政府失灵”（王文龙，2016）。而市场和社会在单独发挥作用的过程中，也同样存在着“市场失灵”或“社会失灵”的问题。美丽乡村建设的行政政策推行需要同市场和社会力量结合，实现其协调性和系统性。要加大社会力量和市场力量介入的政策支持力度，形成美丽乡村建设多元治理的整体机制，在降低各方面成本的前提下实现美丽乡村的合理资源配置和科学化建设。与此同时，借助于行政政策的推行，各地区应根据中央的实践政策积极开展地方的试点工作。

二、政府力量作为有限引导的协调者与监督者

乡村建设需要政府的引导、监督与管理。多中心理论认为应当将政府官员定位为具有首创精神的公共企业家。私人企业家必须根据生产市场和要素市场两方面的变化不断调整企业的组织结构、生产结构和发展战略，增强自身的适应能力，使企业能够生存、发展和壮大；而公共企业家所面对的，是人们对公共产品和服务需求的变化和多重辖区中其他公共企业家的行为所引发的压力，应根据外在环境的变化灵活调整公共经济的组织结构，寻求各种替代性选择安排，增强制度适应复杂多变环境的能力（奥克森，2005：8），这就要求政府官员在“官僚主义”与“企业行为”之间调整自身的位置，既要克服官僚主义的弊端，也不能一味追求经济利益，从而在满足民主要求与提升政府绩效之间实现平衡（奥斯本 等，1996）。随着作为农村公共品供给主要财政来源的农业税被取消，国家财政转移支付的范围和力度逐年扩大和增加，承担了越来越多的农村

公共品供给职能。国家财政转移支付，尤其是涉及农村公共品供给的财政转移支付，大都采用项目的形式。

项目制作为一种国家自上而下的资源输入形式，带来了从中央到地方各级政府的行动逻辑以及政府之间互动关系的变化。杜赞奇(2010)在研究华北20世纪上半叶乡村权力结构时发现，随着国家资源汲取力度的加大，村庄原有的权力文化网络解体，赢利型经纪人取代保护型经纪人，改变并把持着村庄政治格局，以谋取最大化利益。贺雪峰(2011)研究发现，在利益密集型村庄，随着土地征收的推进以及工商业的发展，大量资源涌入村庄，村庄土地利益变现，各种获利机会涌现。而为争夺新出现的密集利益，各方主体展开了激烈的博弈，从而出现与非利益密集型村庄完全不同甚至相反的治理景观。李祖佩(2013)从现有文献出发，将资源提炼为乡村治理的关联变量，认为资源额度、资源形态以及资源运作方式形塑并维系着具有不同表现形态的乡村治理。

政府部门应当在乡村治理中扮演好协调者与监督者的角色。乡村建设问题的关键在于政府行政权力的渗入程度、效用边界和路径选择，而发展模式是否能够成功转型，也取决于政府能否主动吸纳市场与社会参与到建设之中(张国磊 等，2015)。地方政府在分工明晰、职能清楚的情况下，应重视对参与建设的相关责任部门及个人的培训工作，不断提升其参与的综合性能力。与此同时，还要合理定位市场与社会的参与角色，主动做好服务性的工作，将权力更多地分享给相关主体。但这并不是意味着政府的退出，相反地方政府仍然需对市场主体保持常态化的监督，并加大对非政府组织等社会主体的支持力度(王卫星，2011)。除此之外，地方政府要为农村建设营造良好的外部及制度环境。当前我国社会、市场力量并未获得充分发展，因地制宜地制定好相应的宏观规划、政策支持、业务指导、法制保障和制度规范就显得极为关键。尤其是为了避免农民非制度化的利益表达，需建构完整的第三方监督的制度体系，这样才能更好地保障其参与乡村建设的合法性。

作为社会发展的领导者和指导性力量，各级党委和政府是推动国家治理体系和治理能力现代化的核心主体。基层政党组织强化责任包干意识，积极落实政策是美丽乡村建设的充分条件。在安吉县的实践中，一方面各县区通过成立活动领导小组，明确党政"一把手"为第一责任人，形成"上下联动、一级抓一级、层层抓落实"的责任包干；另一方面，各个行政村由县、镇机关单位组成工作分队、贫困村党组织"第一书记"和新农村建设指导员组成工作组进行指导。例如杨村在常规党建工作的基础上，作出突破，结合实际，加强基层服务型党组织建设，不断夯实基层基础。在班子建设方面有如下举措：强化"四诺履职"日常纪实管理办法，村"两委"围绕经济发展、创业创新等方面作出承诺，并通过季度、半年度、年度履职情况评分，细化党支部书记责任清单，统筹村内发展；创新服务模式：率先推出群众说事室，加强“四民工作法”，并认真做到倾听群众、解决问题；推进“党员示范责任岗”：结合基层党建示范点建设，创新工作方法，在持续推进“党员示范责任岗”的同时，提出党员监督监管村级在建工程，构筑了“党员代表监督、监理单位控制、施工单位保障”的三级质量管理体系①。

地方政府应在乡村建设中发挥市场精神、效率精神与竞争精神。地方政府充分尊重市场规律，发挥市场机制的作用是克服科层制下官僚主义弊端的有效方式，以市场的竞争性取代科层制的恪守常规，突破形式主义导致的低效与浪费，以积极主动的姿态来引导环境治理工作，将乡村建设与地方经济发展相结合，形成可持续的发展道路。此外，改革开放后国家的总体思路是实行村民自治，由新成立的在法律性质上属于村民自治组织的村民委员会带领村民实行自治。但实际上，村委会承担着大量的行政事务，肩负着行政和自治的双重职能，村干部既是村民的“当家人”，又是政府的“代理人”。村委会是由过去的具有极强行政动员能力的社队演变而来，人们依然习惯将其作为一级政府组织来看待。在实际运作过程中，村委会更多是作为一个半官方基层组织出现的，是乡村建设最核心的主体，它的作用主要体现在组织发动、部门协调、规划引领、财政引导上，最终形成整体联动、资源整合、社会共同参与的建设格局。在这一背景下，只有实现党管干部、理顺政府组织间的权责配置，乡村建设才能具有最基本的秩序。

在中国传统乡村社区中，农村的公共服务基本由家族、宗族等民间系统来提供。中华人民共和国成立以后，家族、宗族等民间社会组织被政府的官方组织所取代，本来就非常弱小的乡村市场力量几乎消失殆尽，政府成为唯一的领导主体。农村的公共服务基本是由社队等农村集体经济组织来提供，政府的治理方式主要是通过已有的行政体系进行行政化管理。在新的历史时期，集体性组织提供公共产品的能力都大大下降，国家开始承担起主要的公共服务职能，“服务下乡”与村民自治成为中国乡村治理的普遍趋势。在基层党组织建设中，村民委员会作为在法律性质上的村民自治组织，在党支部的领导下带领着村民实行自治。这种党政的引领和护航，成为安吉县杨村美丽乡村建设实践成功的重要原因，构成了新时期下乡村建设的关键议题。安吉县在美丽乡村建设过程中，逐步形成了县、乡镇、村三级分级负责，村日常管理为主、农民群众人人参与的工作局面。一方面，县政府发挥主导作用，为农民创业搭建平台、优化环境，做好引导、支持、帮扶和服务工作；高度重视解决民生问题，加快发展农村各项社会事业，让农民共享改革发展成果，体验到新农村建设带来的实惠。另一方面，县政府尊

① 资料来源：《杨村党建工作汇报稿》(内部资料)，2015 年 12 月。

重农民的主体地位，强化农民的主体意识，激发农民群众的主动性和创造性，实行民主决策、民主管理，促使他们自觉地投身到"中国美丽乡村"行动中来。

总体来看，在美丽乡村建设过程中，安吉县政府坚持建立"政府主导、农民主体、社会参与"的投入机制，"整体规划、资源统筹、分步实施"的建设机制，"三级负责、以村为主、人人参与"的管理机制以及"产业优先、一村一品、打造精品"的发展机制，使安吉县美丽乡村建设迈上了一个新的台阶。

三、社会力量作为协同治理的推进者

个人积极参与决策过程，在政治与经济上把握话语权，在决策的形成过程中考虑个人意志，对环境问题乃至其他的政治经济问题发表见解、提出意见，这些有效手段在更高层面上体现了个体的政治权利，这也是实现民主政治的必经之路。村民是乡村建设的直接"消费者"与"体验者"，应当在建设过程中占据主体地位，无论是专业化的学术知识还是制度化的政策安排，当其与人们活动所引发的过程有关时，就必须采纳普通民众看问题的角度，解决他们的需要，服务于他们的利益，否则就可能会影响到项目建设的具体效果（奥克森，2005:150）。在乡村建设中，发挥社会力量，首先应当建立有效的社会资本。社会资本是维系公民社群生活的重要条件，它形成于公民参与解决具体问题的过程之中，不仅能够促进人们之间的团结协作，同时也有助于提高制度的运行效率及效益。

社会资本的形式除了有一般所认为的网络、社会信任、家庭结构等以外，还包括规则体系，在这种体系中凸显出了公民在地方建设过程中的积极作用。"规则体系既是自然演化又是人们自觉设计的，有助于个人克服在社会中遇到的各种社会困境和集体行动问题"，在面临集体困境时，仅有习俗约束人们的行为还不够，必须要自觉地设计行为规则、监督机制以及与之相应的惩罚系统，从而避免可能发生的欺骗、"搭便车"等行为（奥斯特罗姆，2003）。"为了用自觉的方式形成社会资本，个人必须花费时间与精力同他人一起精心制定制度——即用来分配从组织化活动中得来的收益和支付成本责任的一系列规则。"（奥斯特罗姆，2003）这些规则对人们的行为产生约束，使村民能够顺利互动，进而形成信任、合作和网络联结来组织、整合社会资源，降低社会行动的交易成本，提高制度运行的效益。规则体系分为正式与非正式两大体系，前者指立法机关、管理结构发布的正式的规章制度，这是政府履行协调与监督功能的重要部分；后者指人们自发形成的共同观念与规范。这两者共同影响个体在地方发展过程中的行为选择。

发挥农民在乡村发展中的主体作用，首先应当确立完善、合理的规则体系，在制度上承认农民参与乡村建设的主体地位，这是实现村民自治的基础与前提。更重要的是，农民主体要强化自身的乡村发展的主体意识，主动参与到乡村建设之中。在乡村建设中，广大农民应在合理、合法的制度框架内表达自身的利益诉求，并对存在的问题保持常态化的监督。村民参与乡村建设至少能够在两个方面发挥积极作用：第一，村民拥有无限的创造力。在村庄与社会的双重塑造下，能够将地方的特殊性与社会的普遍性加以结合。让村民了解地方知识，有助于产生适合当地的地方发展模式。第二，由于管辖范围、包揽事务的复杂性与广泛性，以及信息成本的约束，单一主导的政府往往不能获得人们对公共需求的差异性偏好。而政府提供的公共物品或服务具有普遍性，不可能满足所有人的需求，层级性的官僚机构垄断公共物品的惰性和协调成本在很大程度上会抵消集权带来的效益（何精华，2007）。正因为如此，乡村社会建设必须要纳入村民群体，以彼此之间的参与和对话为基础，通过建立跨主体的治理结构，将包括群众的多元行动主体调动起来，共同致力于解决问题、提供公共服务和社会服务。

各方依据共同契约采取协同行动是发展的理想形态。在乡村治理体系中，秦置郡县后，小农经济剩余过少，政府直面小农的成本较高（温铁军，2000：411），乡村政权不进入正统的官僚系统，采用“国权不下县，县下惟宗族，宗族皆自治，自治靠伦理，伦理造乡绅”的基层自治，衍生着独特的治理机理①。传统中国乡村发展主要治理主体是乡绅、宗族等民间社会的自治组织，主要方式是通过村庄共同体实现自给自足。在美丽乡村建设中，社会参与仍是乡村建设中的重要一环。作为利国利民的重要工作，采取政府主导、群众参与的方式，着力从规划设计、基础设施建设、环境美化、打造亮点等方面着手，突出重点，逐步推进，确保这项惠民工程取得实效。为了更好的生活环境和美好家园建设，需要广大的群众积极参与，发挥主人翁精神，保证“美丽乡村”的“美丽常在”。对此，杨村大力培育居民自治，发挥各方优势，调动各方的社会参与力量，培育社会组织和各方的自主性和参与感，为杨村的美丽乡村建设注入源源不断的力量。

此外，农民还需努力提升自己的综合素质与参与能力，可依托社区或社会组织主动融入共建共治的结构之中。作为社会主体之一的村庄组织或社会组织也应找准自己的定位，更多地成为村民利益的代言人和维护者，以便能够整合各类资源，促进不同主体相互协作（王惠林 等，2018）。随着地方社会的内聚不断弱化，一个面向国家权力中心的结构开始重组，包括在新的改革政策下建立的组织、商会、集会等社会组织兴

---

① 1993 年，温铁军先生提出“皇权不下县”的命题后，1999 年，温铁军先生发表《半个世纪的农村制度变迁》，详细论述了“皇权不下县”的概念。秦晖先生作了进一步的引申发挥，认为完整的表述是“国权不下县，县下惟宗族，宗族皆自治，自治靠伦理，伦理造乡绅”，参见秦晖《传统中华帝国的乡村基层控制：汉唐间的乡村组织》，《中国乡村研究》2003 年第 1 期。

起。建设美丽乡村是一项涉及农村方方面面、事关全局的工作，需要深化改革、开拓创新，建立一套科学高效的切合农村实际的组织体制和工作机制，切实发挥社会组织的力量，保证美丽乡村建设各项规划、目标、任务落到实处。实践中，杨村针对乡村老年群体占比高的状况，基于老年人群体社会交往的需求，成立了老年人协会；为保障业主积极参与社会事务、沟通协调渠道，成立了业主管理机构和群众说事室。村庄自主治理不仅意味着寻求村庄与环境的良性互动，同时也是村民个人与环境友好相处的集中体现。

总之，安吉县政府坚持以"三农"为本，切实把"三农"工作放在重中之重的位置，坚持依靠农民群众，发挥农民主体作用。将建设美丽乡村的主动权交到农民手中，尊重农民的主体地位，确保农民群众真正享有知情权、参与权、表达权、监督权，充分调动农民群众的积极性和创造性，逐步实现村庄建设的自我管理。

四、市场力量作为多元参与的辅助者和支撑者

市场力量是相对于社会力量、政府力量的另一个重要力量，在乡村发展中必然会起到越来越重要的作用。当前工商资本等市场化力量进入农村，大规模从事现代农业生产活动或农业社会化服务，从而实现互利互惠的治理目标，这些都离不开市场与政府、社会的互动合作。在尊重价格机制和供求关系的基础上，企业能够获取利益并持续地参与到发展之中，推动资本下乡，实现以农民为主体、以农业为本位的公共发展，在增加财政收入和政绩资本的同时进入到农户家庭，激发农民商业经营的积极性，促进农村自身的可持续发展，使社会建设具有更有利的发展动力（邹笛，2018）。将企业等市场力量纳入乡村发展结构，一方面企业需要为乡村发展提供更多的技术、资金、服务支持，另一方面还要承担为乡村建设和治理提供信息和情报的职责。因此，在乡村建设中，市场主体应加大在技术领域的科研开发力度与自主创新能力，以满足政府与乡村社会的改善环境与社会发展双重需求。以美丽乡村建设为契机，通过市场化的利益协商、对话、融合，积极培育农村经济和社会组织，发挥其在乡村建设中的主体性，乡村建设的整体格局将得到重塑，形成政府治理、社会调节、村民自治、市场参与的乡村治理转型创新形式，深度诠释"共建共治"的美丽乡村建设格局（王惠林 等，2018）。

美丽乡村建设必须有产业支撑。美丽乡村的建设投入，不能只靠政府的力量来发展，如果只依托财政资金包揽，违背了市场规律，便具有不可持续性，从而无法复制推广。因此，需要发挥市场配置资源的决定性作用，鼓励和吸收工商资本、银行信贷、民间资本和社会力量参加到美丽乡村建设中来。安吉县在美丽乡村建设的产业发展中，

按照“一乡一张图、全县一幅画”的总体格局，加快现代农业园区、粮食生产功能区建设，大力发展生态循环农业、休闲农业，推进“产品变礼品、园区变景区、农民变股民”。此外，安吉县以建设生态文明为前提，依托优势农业产业，在农村内部大力发展以农产品加工业为主的第二产业和以休闲产业、乡村旅游为龙头的第三产业，体现了乡村经营的理念，实现了空间改造。安吉县积极引入项目抓产业转型升级和富民增收，达到实现美丽乡村的永续发展的目标。以经营乡村的理念推进美丽乡村建设，具体而言，村庄主要通过实施全民创业计划，设立农村创业基金，为乡村工业提供孵化基地；实行村企结对帮扶，带动若干村发展特色经济，用现代工业理念和现代市场经济理念推进农业和农村经济发展，构建现代农村产业体系；鼓励企业投资村庄，努力开拓农村市场；大力发展现代乡村工业，注重产业配套衔接，坚持乡村工业的集群化发展。

在安吉县杨村建设美丽乡村的过程中，村庄根据美丽乡村建设的整体规划，引进了一家从事休闲农业观光园的企业“进驻”村庄，村庄通过与该企业展开深度合作，进一步保护和改善了村内的农业生态环境，同时也推动了村庄产业结构的调整和优化。再如，村庄通过合理规划生态农业现代科技园区，建成了具有较好示范作用的生态黄花梨及生态白茶基地，有效带动了村级经济和美丽乡村的健康发展。此外，生态旅游业的发展拉动了村内民宿产业的蓬勃兴起，在潜移默化中提升了村民的生产经营意识。杨村借助市场资本的力量逐渐建成集文化休闲、乡村度假、休闲农业等多元业态为一体的乡村旅游村。休闲产业的引进和发展，也促发了村民生产经营意识的转变，加快了新型农民的培育步伐。

总之，市场发展是杨村成功建设美丽乡村的一个重要因素。正是通过市场这只“看不见的手”，激活了杨村的发展空间，奠定了发展的经济基础。村庄通过自主协调与环境的关系，达成了让二者共生共存、共同发展的目标。可以说，在美丽乡村建设中，市场力量对于乡村社会的发展、乡村治理的运行起着越来越大的作用和影响。杨村通过整合当地资源要素，优化传统家庭工业，强化现代家庭工业，成为“明星村庄”。

第三章 美丽乡村建设中的复合机制

美丽乡村建设作为认识和理解新时代乡村发展的重要窗口，既是美丽中国建设的基础和前提，也是推进生态文明和新农村建设的新工程、新载体。通过政策引领，中央持续推进“美丽乡村”建设工作，反映了顶层设计推动乡村建设的坚定决心。在党中央的领导下，各地不断加强农村生态建设、环境保护和综合整治，反映了基层开展乡村建设的积极探索。因此，自上而下地依次梳理顶层设计与基层创新，可以在全域视野上认识中国农村社会经历的制度变迁，深入把握乡村发展的转型脉络。基层治理观念落后、治理结构不合理、治理方式单一必然会导致政策或制度的流失和消解，进而影响到乡村建设，因此要推进基层治理体系和治理能力现代化，使其在美丽乡村建设中居于关键性地位。在安吉县的美丽乡村建设过程中，注重对政府行政力量的合理使用，挖掘传统乡村思想中的建设资源，同时依靠市场企业的专业技术支撑与服务，破解了困扰乡村发展的多项难题。本章将分析在社会主义市场经济条件下美丽乡村建设可选的多种机制，突出包括财政、市场、行政、法治、乡村文化再生产以及乡村社会运行中的非正式机制等多机制综合运用的重要性。

第一节
美丽乡村建设中复合机制的提出

政府、市场与社会组织并存构成了乡村建设的基层单元，是现代国家建设的重要主体。乡村建设需要在党委领导的前提和基础上，发挥社会自治、市场配置和政府管理三大机制的作用，实行政府主导、多元共治的模式。作为公权力的掌握者和行使者，政府应负责制定公共政策，依法进行社会监管和控制；市场机制则应在资源配置中发挥决定性作用；社会成员要通过自治的形式提供互助性、公益性服务。理想的发展模式，是通过政府、市场和社会的良性互动来避免陷入"政府失灵"、"市场失灵"或"社会失灵"的困境中。在安吉模式中，行政机制、市场机制、社会参与机制等不同类型的机制构成了复合机制，成为美丽乡村建设运作机制的内在机理。各方主体不再单纯依靠政府的行政机制实施社会管理。社会组织被赋予一定的自主权；通过市场机制，实现了市场的有效运作；通过文化与社会机制，加强了社会力量。概言之，通过多元主体之间的协商实现多重机制的深度融合，是安吉县美丽乡村建设取得成功的内在机理。

一、美丽乡村建设中复合治理的必要性

（一）满足政策体系演变的需要：以环境政策为例

环境政策是实施美丽乡村建设的重要治理工具。它通常由政府通过法律程序制定和发布，反映了决策者的环境意识。随着决策者对环境系统自身运行规律、环境系统与社会系统相互作用规律以及社会运行规律认识的逐步加深，对相应的环境状况与治理的认识也越来越清晰，中国的环境政策也在发展演变的过程中变得越来越完善。一个更具包容性、更具考虑性的环境政策体系正在形成，同时环境政策体系的演变也越来越复杂。

首先，对环境政策目标有了更科学的理解和定义。环境政策从关注单个环境元素

和单一环境的管理功能转变为关注环境的管理系统和复杂的环境功能，以更加注重改善环境质量为核心，实现生态环境质量的整体提高。例如，过去监测水体污染的主要指标是化学需氧量和氨氮排放总量，而监测大气污染的主要指标是可吸入颗粒物（PM_{10}或$PM_{2.5}$）、二氧化硫、氮氧化物等。中共中央办公厅、国务院办公厅印发的《关于构建现代环境治理体系的指导意见》提出要落实整个国土空间的用途管制，建立空间规划体系，划定生产、生活、生态空间开发管制界限，同时利用卫星遥感等技术手段，对自然资源和生态环境开展全天候监测，健全覆盖所有资源环境要素的监测网络体系，对资源环境承载能力进行整体监测预警。有关文件强调了需要确保以人类健康为核心，以改善环境质量为目标；确立了以预防和控制环境风险为基线，严格规范所有的污染物排放，开展统筹山水林田湖一体化生态保护和恢复项目。

其次，在环境政策工具方面，从主要依靠行政控制逐步扩展到综合运用法律、经济、技术、社会、行政等手段。2006年召开的第六次全国环境保护大会提出的环境保护工作的“三个转变”中，其中一个“转变”强调了环境政策工具组合的改变。2015年初生效的新《环境保护法》对这一点进行了规范和强调。近年来，在政策中提到的完善法律法规、完善标准体系、健全产权制度系统的自然资源和使用控制、改善生态环境的规定，更加突出对政策工具的综合使用。在遵守节约资源和保护生态环境的基础上，改善经济政策（尤其是完美的价格、财政和金融政策，鼓励和引导各种主体积极参与生态文明建设），落实市场化机制，完善生态补偿机制，完善绩效考核体系，完善责任制等诸多内容。在环境政策的约束对象方面，环境政策的约束对象已经从直接污染的主体扩展到所有相关的主体，特别是从强调对企业的监督到强调对企业的监督和对行政的监督并重。在促进生态文明建设的过程中，所有的社会主体，包括生产者和消费者、企业和公共机构、公众和政府，所承担的环境责任不同，需要接受环境政策的约束和规定自然也存在差异。

再次，在环境政策创新主体方面，从主要依赖政府转向政府、市场和社会的协同创新。党的十八届三中全会上，提出发展环保市场，推行节能量、碳排放权、排污权、水权交易制度，并主张建立市场化机制，吸引社会资本投资生态环境保护，促进第三方治理，其中还包括了关于信息披露和公众参与的条款。2020年中共中央办公厅、国务院办公厅印发的《关于构建现代环境治理体系的指导意见》（下文简称《意见》）中提到“构建党委领导、政府主导、企业主体、社会组织和公众共同参与的现代环境治理体系”，对多元主体中不同层面的主体责任进行了分别说明，不同的治理主体对应着相应的治理体系。此外，

《意见》还提出了“健全环境治理信用体系”“健全环境治理法律法规政策体系”等相关要求①。在过去实际的工作中，环境治理可以说是没有足够的科学政策取向——假设环境资源可以无限供应，至少可以通过技术进步和制度建设不断完善。这种政策取向有助于减少环境风险程度的紧迫性。随着决策者对环境治理规律认识的加深，环境政策的新取向更加强调尊重、顺应、保护自然的生态文明理念，更加强调对人类社会需求的科学管理。

最后，在政策相关性方面，有从细分到高度整合的趋势。在以往的环境治理实践中，出现了环境政策与其他社会经济政策相对分离的趋势。即使是具体的污染治理工作也往往涉及多个行政部门，不同部门之间缺乏政策的协调，极大地影响了环境治理的效率。例如，在水污染防治方面，表面看起来环保部门是主要责任人，但实际上关联到住建委、城管、农业、水利、发改委、国土资源以及水资源保护机构和政府其他公用事业等部门，远远不止是“九龙治水”的局面。为了促进环境政策的进一步关联和整合，党的十八大明确提出要把生态文明建设放在突出地位，融入经济建设、政治建设、文化建设、社会建设各方面和全过程，这实际上强调了促进环境治理要推动系统性、整体性、协同性的社会变革。《中共中央 国务院关于加快推进生态文明建设的意见》更加强调了“建立以保障人体健康为核心、以改善环境质量为目标、以防控环境风险为基线的环境管理体系，健全跨区域污染防治协调机制”②。

（二）美丽乡村建设动力机制的建构需要

“当今中国美丽乡村建设，需要汲取名村变迁的历史知识、经验和教训。从传统（古）村落兴衰更替中窥视和研判乡村的生命力；从中国历史名村的变迁中领悟村域持续发展的根基和条件。”（王景新，2017）现阶段，在乡村振兴的政策号召下，美丽乡村建设主要表现为中央政府意愿为主导的政府投融资行为，而地方政府、村级经济组织及农民、社会投资主体的参与愿望暂时没有得到全面、充分的调动。一方面，社会投资主体对乡村投融资市场的关注不足、意愿不强，市场机制无法充分发挥作用，需持续投入的基础设施建设仅依靠政府投融资而难以为继，总体上乡村建设的外生动力较为单一；另一方面，村级经济组织和村民没有充分进入乡村治理的主体角色，尚未充分发挥“主人翁”作用，乡村建设的内生动力也较为不足。美丽乡村建设的内生动力机制和外

---

① 中共中央办公厅、国务院办公厅：《关于构建现代环境治理体系的指导意见》，参见中国政府网：http://www.gov.cn/zhengce/2020-03/03/content_5486380.htm。

② 《中共中央 国务院关于加快推进生态文明建设的意见》，参见中国政府网：http://www.gov.cn/xinwen/2015-05/05/content_2857363.htm。

生动力机制没有完全建立，而多元化的社会投资主体也没有融入美丽乡村的建设。这表明，在美丽乡村建设中，必须加强动力机制的建立和完善(张树昭，2014)。

农村建设的外生动力单一、内生动力不足，影响因素很多。首先，美丽乡村建设是一项系统工程，过分强调物质环境的改善不能反映乡村的主观特征，难以从市场和外部力量中产生更多的激励需求。现有美丽乡村建设包括基础设施建设、教育资源建设等，主要是依靠政府的财政投入，也就是说村庄的发展主要是外部力量引导的结果，这种外生的发展导向会带来恶性竞争同质化的后果，如资源配置效率低下。在这一时期，有必要整合行政机制、市场机制和文化机制的功能。美丽乡村建设内生动力之所以不足，是没有充分发挥党组织和村民在乡村建设中的“主体性作用”所造成的。需要根据乡村历史、现实实际确定产业发展和文化建设的方向，通过对村组织的自治机制、村民参与机制、党组织领导机制和传统村庄文化机制的统合，以“共建共享共治”为主张充分发挥村民在乡村建设中的主体地位，充分尊重村民的选择权和发展权，形成乡村多元共治的良好氛围。

法律机制、行政机制和市场机制缺乏有效衔接，也是美丽乡村建设动力缺乏的重要因素。一方面，法律机制的作用效能直接影响到社会资本方对投资特定乡村的意愿。“由于缺少明确的乡村产权变更和保护机制，造成城市资本和农民双方利益具有很大的不确定性，严重抑制了城市投资者的乡村投资意愿。”(高杰 等，2020)另一方面，法律机制是行政机制和乡村自治能否形成合力的外在保障。“软法和硬法是乡村法治建设的‘一体两面’，但是在当前的乡村治理实践中，由于过度强化硬法的价值功效而弱化软法的发挥，引发一系列的乡村治理失灵问题”(胡卫卫，2020)，因此，若想既实现最佳行政，又要促进良好自治的生成，就需要处理硬法和软法的作用范围和功能上的协调。综上所述，乡村建设外生动力的单一性和内生动力的不足，需要通过多种机制的整体性建构来改进。因此构建复合机制便成为推进美丽乡村建设所不可回避的重要任务。

(三) 适应风险治理和智慧治理的时代选择

面对风险社会带来的治理困境，很多学者相继提出“复合治理”的概念(洪大用，2016；王芳，2016)，即“国家、市场和公民社会已经发展成为现代社会公共治理的基本机制”(杨雪冬，2004)，须谋求各个主体之间的合作互补，谋求就地及时解决问题。农村社会也面临着风险治理的考验。传统的命令控制管理模式和封闭的自治模式难以适应风险社会。因此，有必要构建系统、复杂、循环的社会风险综合治理机制(张云昊，2011)。乡村建设需要实现行政动员、社会治理和民主协商三种模式的协调整合，构建多层次、多领域、多主体共担责任的复合治理机制。在三种风险管理机制中，行政机制过于强大，市场机制过于理性，容易导致政府失灵和市场失灵，而在它们之间的社会机制存在资源依赖、自主性弱、专业化不足等问题。增强社会系统的适应能力是应对风险、提高抗干扰能力和自我修复能力的基础（杨雪锋 等，2020）。复合治理理论把公共治理转向系统治理、综合治理，为“调试”介入公共治理提供了理论窗口。风险社会环境下，中国应加快建设现代治理结构，调整社会各类机构，协调各种关系，提高国家和社会双方的能力，发挥各种社会角色的作用，向协同有效的风险制度过渡（尹新瑞，2018）。

美丽乡村建设存在稳定风险、环境风险、债务风险、土地开发风险、产业更新风险等多重社会风险。各种风险之间存在交叉关系，例如，村组织的土地开发行为可能会同时带来环境、债务和社会稳定风险。此时，需要考虑风险的系统性，并且需要有一个复杂的治理机制来处理它。伴随经济社会发展，“社会结构正处于深刻变动期，社会事务具有高度复杂性和高度不确定性，涉及各领域各方面，牵连到不同群体的利益”（刘琼莲，2020）。高度复杂的社会必然对政府治理的准确性和效率提出更高的要求。在信息技术高速发展的时代，基于大数据和人工智能的智慧治理是高度不确定性治理的重要支撑。智慧治理是一种新的政府治理方式。它不仅是治理工具的增量变化，也是治理模式变化的重要推动因素。面对复杂性问题，政府治理需从“各自为战”走向数据集成，“复杂性社会从某种意义上说体现为数据与信息的错综复杂性，数据之大和数据之复杂必然推动政府由有效数据管理走向高效数据治理，推动政府治理数据化来实现公共服务的多元化、便捷化和高效率”（曾盛聪 等，2018）。例如，在智能环保的大数据和智能应用中，环境评估和政策分析的过程被简化为数据分析的过程。准确的数据分析和预测可以促进政府监管有的放矢，提高治理的准确性和效率。

从控制逻辑来讲，云计算、大数据存储技术、感知技术和其他手段可用来完成数据采集、处理、存储而形成一个结果。在此过程中，要对使用的技术操作和碎片信息进行深入挖掘，以形成有效的信息链。信息链的形成不仅仅是数据的集约化处置，更是呈现“关系理解”这一数据信息的本质，即能够通过多种信息的处理手段来最大化呈现数据背后的科学意义和社会意义。基于此，在公共行政管理中，智能技术应用对信息链的获取可以实现更高效的监管和更全面的社会理解，有利于提升政策的实施效果和治理的精度。但高效、可预见性、多样化的数据分析结论的获得需要准确的数据源，需要通过数据网络的合作促进数据共享。与数据源同样重要的是算法，算法的应用是技术迭代升级的结果，带来了社会生产和行为方式的转型。伴随着技术迭代的展开，制度迭代的重要性也应当被关注：一方面，算法应用需进行配套的制度创新，如算法影响评估制度（张欣，2021）；另一方面，对算法应用产生的新风险的关注，需重塑原有的制度规范，如对算法应用下的“合作治理”进行重新理解和建构——谨慎稳妥发挥市场机制的作用，充分协调发挥其他治理主体的角色，以强化风险沟通为核心，对算法风险进行有效规制。

智慧治理的发展深刻解构了传统的公共服务提供模式，以“技术＋制度”实现多元化的社会服务和治理模式创新是新时期农村治理创新的重点。在曾经“办证难”“办事难”的问题上，大数据和人工智能技术的应用，推动政务服务更好地实现资源共享，而“最多跑一次”改革推进了制度上的革新，技术和制度的共同发力实现一次办理即实现信息流通，无需进行多次操作。对于村民来说，大数据降低了处理事务的成本，数据整理形成村集体和村民档案，有效地将各种事务联系起来。政府运用智能算法对部分资源进行了重组和整合，让村庄内的组织和个人可以通过互联网和数据共享平台进行业务活动。特别是对于地方政府而言，利用大数据整合行政任务并使之专业化，通过城市大脑形成各地方的信息聚合数据库，使政府部门可以按照相对统一的规范和服务标准进行相应的行政处理。

此外，在乡村治理的应用场景下，算法应用需要迎合村庄自身的沟通文化，即现代基层民主治理创新应与传统乡村文化机制有效融合。例如，乡村信用体系建设是否可以照搬城市治理中的“失信联合惩戒”？传统的乡贤文化资源和乡村熟人社会氛围，实际上抑制了“不诚信”的生成，但城乡之间社会资本的融合干扰了乡村本有的信用惩戒机制。从制度迭代的角度，这种机制迁移突破了理性的范围；从技术迭代的角度，需要借助新的智慧治理的思路，结合大数据机制来重构乡村信用惩戒规则。

治理机制始终是动态的，每一次变革都依赖社会技术的演进和创新。然而，治理机制的创新也会产生负面影响，在实践中需要与传统机制进行协调。在实践中，需要以构建复合治理机制为前提，对多种机制进行结构和功能上的协调理解。例如，大数据是一种具有开放性、多样性和共享性的新式治理方式和工具应用。大数据推动新一轮政策工具的革命性变革，提供了新的治理模式，形成了不同于传统治理工具和形式的“新治理”。但大数据治理也引起了数据隐私泄露的担忧，村民的个人信息可以随时随地被记录、保存和查询。另外，隐私保护技术不足、相关法规和条例的不健全、村民的隐私保护意识不充分等现状也加大了隐私泄露风险。如何加强对村民个人隐私的保护，成为大数据嵌入乡村治理所面临的公共伦理学难题（王林霞 等，2020）。因此，治理机制的创新需要处理好利弊关系，应通过多种机制的复合运用来兴益除弊。

二、复合机制的提出及其基本理念

（一）复合机制的提出

许多学者提出要构建和完善农村建设的复合机制，但不同领域的学者对这一概念有不同的表述。复合机制是单一治理和建设机制的对应概念，是针对单一机制的局限性而创造的，如“要减少以政府或国家为中心的单一治理机制的失效，就必须采用新的治理机制。复合治理机制的出现为这一问题的解决提供了新的思路”（周晓丽，2006）。换言之，迫切需要建立一种包含多个主体的新型治理与建设机制，这种复合机制贯彻治理的基本精神，即寻求各主体之间的合作与互补。也有学者认为，复合机制是回应多元主体的一个话语表达，即“复合治理机制是对传统的集权式的治理方式的一次重大变革，有助于实现价值理性和工具理性的统一”（郝艳兵，2015）。还有学者认为，复合机制是一个集合性概念，认为“复合机制是一个包含了众多异质性治理机制的集合，现有研究已给出多个分类，包括单边治理与双边治理、契约治理与关系治理、关系治理与非关系治理等”（骆亚卓，2017）。根据现有的治理模式强调多元化的治理机构和治理手段，复合治理更多关注功能集成和主体之间的联系，形成全方位、多层次、稳定、互补的复合治理结构和发生机制，这种机制具有复杂而有序的内部调节功能。

对于复合机制的理解可以归纳为三类表述：一是作为单一机制的反面，即一种由多种异质性机制叠加共同发挥作用的复合机制；二是机制创新，即通过多种机制的融合来形成一种功能复杂但又有条理的复合机制；三是作为多元治理的一个话语表达，是一种多元治理主体相互协作的机制建构。上述三种表述分别把握了复合机制的相关特征——系统性、整体性和多元性，但大多倾向于描绘其表象，而没有充分揭示复合机制的发生原理。从实践的角度出发，更重要的是在具体情境中理解复合机制的核心概念，加强对“复合机制”的总体认识。

在美丽乡村建设的实际场景中，复合机制具有重要意义。机制的简单化会影响治理资源的有效整合，增加共建和共同治理的难度。美丽乡村的合作治理需要一套完整的配套设施和可运行的机制体系。一方面，要加强政策工具的供给，构建美丽乡村建设政策网络体系，这种复合机制既是保证乡村建设体系稳定运行的关键，也是共建共治机制发挥作用的前提。在许多农村地区执行中央政策的过程中，一些地方的政策和试点工作已经制定和展开，但这些政策往往缺乏其他配套政策的支持，以致失去了推广等方面的价值。例如，农村环境问题与农村发展问题密切相关，除了制定具体的环境政策外，还需要将其纳入农村发展的总体规划，确保系统的协调发展。

同时,要实现政策倾斜向供应市场,利用农村建设政策创新多元化的融资渠道,为企业或非营利组织服务进行专业市场干预提供政策保障,并在社会和经济成本上实现农村建设资源集中化的科学配置。在农村建设过程中,面对风险防范、产业扶持、文化特色挖掘等各种公共任务,有时需要不断创新机制来应对问题。例如,可以通过创新养老保障机制和服务机制来促进农村养老问题的解决,促进养老面向社区、面向市场。有时需要结合现有的政策工具,如针对部分农村惩戒机制有效性不高的问题,有必要将农村自治机制与政府主导的失信惩戒机制结合起来,实现整体机制的建设。

(二)构建复合机制的基本理念

1. 责任取向:关注多元主体的责任建构

传统农村建设具有明显的行政任务导向。特别是在“行政性国家”兴起后,治理的行政任务变得越来越复杂,使得主体的注意力分配日益成为影响治理建设的重要变量。然而,随着社会功能分化的结构性影响,不同领域的行政任务分离,行政权力面临着缺乏资源与知识的双重困境。因此,随着多重治理概念的引入和新技术的应用,分权化具有一定的现实可行性。“与传统时期相比,乡村社会中缺乏像宗族、士绅一样具有权威的内部组织者,仅依靠村委会和基层政府行政任务式的执行,难以真正深入乡村,无法有效地调动村民主体的积极性”(冷向明 等,2020)。此外,在传统的行政体制下,村干部绩效薪酬取决于自上而下的考核,行政压力转化为激励村干部的主要机制,一旦乡镇并未将超出行政任务以外的公共服务与农村综合管理作为考核的重要内容,村干部就缺乏为农民服务的积极性和责任意识(仇叶,2020)。责任制建设的不完善,使得农村社会的大量公共服务需求无法纳入行政管理体系中。

伴随着各项乡村政策的推进,越来越多的行政压力和行政任务通过“行政控制”转移到农村,致使村级组织不可避免地变成了一个用于实现从上到下的管理任务的工具,而这将很难满足村民的公共治理需求,从而形成一种特殊的村级“行政空转”现象,导致村级组织逐渐悬挂在农村社会之上。要促进农村发展,一方面,我们必须充分发挥具有优势的基层自治制度,鼓励农民积极有序地参与,依照法律法规管理农村经济、文化和社会事务,并建立农村治理的主要责任(仇曼莉 等,2020)。另一方面,要正确设置村组织、行政部门、市场主体等社会参与者的角色和责任,从责任体系建设中培育发展的内生动力。市场主体和社会组织都需要有自己的主体性,应扮演社会建设社区的重要成员和合作伙伴(吕德文,2020)。通过建立责任响应机制,强化治理责任、建立监督机制,可以确保治理主体以追求公共利益为目标。只有在制度设计中明确权力和责任,放权的同时合理配置资源,乡村治理和建设才能清晰有序地开展。

2. 多元共治：乡村治理参与主体之间关系的建构

一方面，多元共治理念为"参与式治理"提供了一种新的理论话语体系，成为不同参与主体之间"关系建构"的媒介。多元共治作为一种治理理念，与传统的基层民主自治有较大区别：前者奠定了民主治理的基石，体现的是国家与基层主体之间的关系；后者是对民主治理的深化，体现的是基层治理中多重主体间的关系。我国现行宪法确立的基层群众自治制度赋予村民委员会作为自治组织的宪法地位，意图将农民组织动员起来，建构起国家和农民之间的自下而上和自上而下的双重关联：既实现村集体对国家政策的承接和执行，又实现乡村治理的民主自觉性，促成治理诉求和意愿的集中向上传递。但是，这样的宪法愿景与我国当前的治理实践存在较大的差距：随着国家资源向农村输入以及村庄治理任务的增加，正式的基层组织无法承接大量治理任务。包括富人、能人等在内的新型村治主体进入村庄治理场域，在村庄中出现政府的"新代理人"；从村庄治理方式和治理性质来看，以富人为主要代表的新型村治主体参与村庄治理的动机是追求个人利益，其治理资源和治理机制等是与公共治理相违背的私人治理，并最终导致国家与社会之间形成一个由少数人参与的、封闭且稳定的权力结构，普通村民难以参与到村庄治理中来（王黎，2019）。基于此，村级治理权力过分集中不仅不利于农民的组织动员，反而会将农民排挤出政治权力体系之外，农民与国家之间横亘着牢固的权力利益集团，与之相对应的村级治理体制也是高度人格化的、封闭的、非规范性的私人治理（王黎，2019）。因此，应设法强化乡村中多元共治参与主体之间的关联，通过"规则"来推进普通村民的实质性参与，通过"默契"来形塑和谐的沟通文化。在此基础上，乡村多元共治的深化会提升村组织的自治能力，通过村民积极参与和自主讨论，建立一个代表村民公共利益的村级自治组织，以此产生乡村发展的内生动力。

另一方面，要实事求是地看到"多元共治"理念的实践局限。作为有效协调各主体之间协作和沟通的"多元共治"本身，也存在许多局限。与国家和市场一样，治理在促进社会资源配置方面也存在失效的可能。在美丽乡村建设中，不合理的市场机制作用和过度放任的乡村自治机制可能会带来"短视效应"，同质化的恶性竞争将难以避免。要认真对待治理理论的贡献和局限，尽力挖掘良善治理（good governance）的实现途径，规范治理过程（俞可平，1999）。综上，多元共治的理念扩展了治理主体的范围，说明了建立健全协作治理机制的重要性，成为阐释共建共享理念的重要基础和动力，也为建立共建共享的制度平台提供了可汲取的理论资源。

第二节 复合机制的主要构成

改革开放后，国家的总体思路是实行村民自治，由新成立的在法律性质上属于村民自治组织的村民委员会带领村民实行自治。但实际上，村委会承担着大量的行政事务，肩负着行政和自治的双重职能，村干部既是村民的“当家人”，又是国家的“代理人”。政府主导不是政府包办一切，美丽乡村建设要形成多元参与机制。近年来，工商资本进入农村，大规模从事现代农业生产活动或农业社会化服务，形成“资本下乡”。在安吉模式中，推动资本下乡，实现了以农民为主体、以农业为本位的公共发展，在增加财政收入和政绩资本的同时，促进了农村自身的可持续发展，使得乡村社会具有更充足的发展动力。社会建设以利益相关者的参与和对话为基础，通过建立跨主体的结构，将包括群众的多元行动主体调动起来，共同致力于解决问题、提供公共服务和社会服务。美丽乡村建设需要建立信息共享平台和集体论坛，把利益相关者纳入，彼此在协商、对话、承诺的基础上进行决策。只有各方依据共同契约采取协同行动，才是社会发展的理想形态。

一、美丽乡村建设的正式机制

（一）行政机制

根据现代行政的特征，行政机制可分为给付行政和规制行政两大类。前者是通过向相对人提供精神的或物质的利益达到对社会施加影响的行政作用；后者是通过对相对人的权利和自由予以限制以达到社会规制效果的行政作用。本书所提出的规制（regulation），即规范、制约的意思，指为了维护和增进公共利益，根据法律、法规的规定，规范和制约人民的自由活动和权利。随着人民生活和经济活动的复杂多样化，成为规制行政对象的领域也越来越多。但是，无论其表现形式如何多样化，从其性质和作用来看，规制行政大致可以分为社会规制和经济规制两种类型（杨建顺，1996）。所谓社会规制，是指以保障人民的生命安全和身体健康，维护人民的生活秩序为目的而进行的规制。

1. 行政机制的最初形态：命令控制型行政（规制行政）

规制行政的启动基于对公共利益的保护和增进。我国是社会主义国家，规制行政的中心内容是保护人民的权益，任何法律、法规都是从人民的立场出发而设置规制的。任何规制，都必须坚持公开、平等、民主和效率的原则（杨建顺，1996）。不过规制行政的实施逻辑受到行政体制因素的影响，在不同的时期有着不同的呈现形式和理念。在计划经济阶段，规制行政具有明显的高权行政的特征，行政法理更偏向于“管理法”；在向市场经济转轨的过程中，规制行政开始愈发关注“合法性”，行政法理开始迈向“控权法”；在市场经济发展逐步深化阶段，公共风险愈发复杂多变，尤其是技术进步带来的各类新情况新问题，使得规制行政在走向“合法性”的同时，也在尝试回应社会变迁对国家善治的期待，规制行政也在重新审视“效能”的价值，行政法理开始迈向“治理法”。当然，规制行政的理念实践变迁并不容易，不可否认，现实中各个领域都普遍存在着规制行政与开放的大环境不一致的状况。基层政权经常通过运动型动员机制官僚体制展开集体行动以确保基层政府的有效性，此体制以中心工作为主要内容和目标，以绩效考核体系为动员依据，在基层政府内部营造了强大的政策执行压力（仇叶，2020）。

乡村治理具有事后治理的典型特征，村干部一般只有在行政任务下达或社会发生矛盾冲突时才会被驱动展开积极治理，并在不断动员与整合的过程中推动乡村秩序的达成。党的十九大报告提出建设高素质专业化干部队伍，强调“党的干部是党和国家事业的中坚力量”①。打造高素质专业化干部队伍，是美丽乡村建设的关键一环。制度保障是实现党管干部顺利实施的一大前提，要管政治、思想及干部的作风、作为等方面，通过制度和政策，既强化监管，也注重激励。党的十八大以来，在以习近平同志为核心的党中央领导下，各级党组织坚持以严格标准选拔干部、严格措施管理干部、严格纪律约束干部。党中央先后出台了《党委（党组）讨论决定干部任免事项守则》《中国共产党问责条例》《推进领导干部能上能下若干规定（试行）》一系列严的制度、实的举措，打出了党管干部“组合拳”的声威。“为官不为”等问题得到大力整治，一大批有担当的干部在领导岗位上起到了示范引领作用。在杨村的美丽乡村建设中，地方干部结合基层党建示范点建设，创新工作方法，团结带领广大党员和群众，积极投身美丽乡村精品

---

① 习近平：《决胜全面建成小康社会，夺取新时代中国特色社会主义伟大胜利——在中国共产党第十九次全国代表大会上的报告》，参见中国政府网：http://www.gov.cn/zhuanti/2017-10/27/content_5234876.htm。

示范村建设，展开了相应的制度建设。

当然，命令控制型行政囿于国家建设的难题，纵向行政与横向行政对村庄组织的权限造成过度挤压，导致村庄组织自主能力的培育缓慢，难以发挥自治的效用。面对广大乡村发展的公共任务，必须发展出新的补充机制来弥补命令控制型行政的缺陷。

2. 行政机制的发展：机制创新与制度建设

伴随着服务型政府理念的发展，行政机制开始从纯粹的命令控制走向合作行政，这一行政的核心要义在于机制创新与制度建设。安吉县一直重视与绿色发展相关的制度方面的探索，在生态建设、环境整治、环境监管、环境减排、环保审批、宣传教育、环保队伍建设方面都设置了具体的制度。这些制度成为安吉县绿色发展、生态文明建设的重要支撑。在环境整治、环境监管方面有：环保巡查制度、违法排污企业环保专项行动、污染事件处理联动机制和巡查制度、监察情况反馈制度、飞行检查情况每月通报制度等。在环境减排方面有：污染减排工作联络制、督查通报制、重点减排项目联系制、“一厂一档”环保管理档案制、企业危险废物管理档案制等。在环保审批方面有：周围住户公众参与制度、听证会制度、环境污染纠纷投诉登记制度等。在宣传教育、环保队伍建设等方面有：“绿色社区”“绿色学校”“绿色企业”等绿色系列创建制度。在服务经济方面有：限时审批办结、一次性告知、限时办结、同岗替代、否定报备、招商信息环保审批联络等制度。同时，安吉县在生态补偿制度、排污权交易制度、企业环境保护诚信制度等方面先行先试，走在了浙江省乃至全国前列。

为了确保制度有效运转，安吉县亦需要机制创新。在绿色发展和生态文明建设实践中，安吉县在激励机制、动力机制、动员机制等方面都有突破。在激励机制方面，主要是通过项目配套和“以奖代补”的形式促进乡镇村街努力改善生态环境。在动力机制方面，主要是通过推行以绿色 GDP 为主导的生态文明，建设考核体系、绿色考核评价机制等绩效考核促进乡镇村街生态文明建设。此外，在绿色发展和生态文明建设实践中，安吉县特别注重社会动员。一是组织机构统筹领导制度化，形成县生态办、乡镇生态办、行政村生态环保监督员体系；二是自上而下的政府动员，安吉县委县政府通过会议层层动员，建立了巡查机制、反馈机制、考核机制，通过自上而下传导压力，使得各级各部门始终把政策落实放在首位；三是社会动员机制，比如注重公众参与的机制建设等。为有效巩固中国美丽乡村创建成果，安吉县推行了《安吉县中国美丽乡村长效管理暂行办法》，对美丽乡村实行长效管理，并创新性地将其和“以奖代补”机制结合起来。长效管理实行县、乡镇（街道）、行政村三级联动机制[①]。通过美丽乡村的考核评比，评出一、二、三等奖，以奖励代替直接补助，这样既让村民们获得物质上的奖励，又获得精神上的激励和满足，更能激发他们参与的积极性和主动性。

安吉县先后出台《建设中国美丽乡村行动纲要》《中国美丽乡村建设考核验收办法》《农村社区公共服务设施设置及管理维护要求》《社区环境及公共卫生通用要求》《安吉县村庄环境卫生长效管理实施办法》等规范性制度，并坚持每月一期《美丽乡村长效管理督查通报》，推行考核问责机制，形成管理压力。作为硬约束，这些地方制度为乡村环境保护形塑了一个行动框架，“差异化考核”让各级领导干部在环境保护问题上“你追我赶”。此外，杨村村规民约的颁布实施，也有助于村民实施自治活动，具体包括选举权、村民会议职责、村务公开监督小组等。在杨村的治理实践中，村委会主任、副主任，治保委员，调解委员，卫生计划生育委员，社会保障委员，民主理财小组，分工职责明确，组织规划健全。村里的重大事务以及村民关注的热点、难点问题的处理，都由村民代表会议讨论决定。除此之外，村里还设立“村务公开栏”和“意见箱”，制定村务公开制度，每年元月 15 日和 7 月 15 日定为村务公开日。总之，政府构建的制度保障体系是确保乡村转型迈向正确方向的关键。

综上所述，长效管理和“以奖代补”机制的结合，将美丽乡村建设与村民个人紧紧结合在一起，能够最大限度地调动村民参与美丽乡村建设的积极性和自主性。

（二）市场机制

市场机制是各类社会治理中普遍适用的治理工具。“引入市场机制既为社会治理创新活动增添了动力，也为社会治理活动的开展奠定了物质基础。”（王雅琦，2021）对于传统乡村社会而言，市场机制首先是一个外生机制，它起始于乡村土地的产权改革，并伴随着行政机制的支持，在初期往往与行政机制组合发挥作用。社会治理的“产权改革促进市场嵌入农村社会，引起了乡村社会的横向分化，乡村治理不再是空心村背景下国家与农民脱节、缺乏利益联结的状态，发展起来的乡村精英和市场机制塑造着乡村治理秩序”（杨磊，2020）。例如，市场机制的有效引入能够让企业项目和乡村发展保持对接，企业负责承建与管护，政府则适当地保持政策倾斜并给予一定程度的财政

---

① 具体工作机制如下：a. 在县新农村建设示范区领导小组的统一领导下，县农办、文明办、城管执法局等单位共同成立督查考核办公室，主要负责全县“中国美丽乡村”长效管理的日常监督与考核工作，人员从相关单位抽调。b. 按属地管理原则，各乡镇政府（街道、管委会）负责本辖区各行政村（农村社区）长效管理工作，成立相应领导小组，强化长效管理工作班子，建立“乡镇物业中心”，实施规范化、标准化管理。c. 各职能部门要切实结合基层需要，积极开展业务指导和行业监管，形成上下联动的良好格局。

补贴。由此可见，在这种模式下，乡村有效治理是利用政治权威和市场机制充分动员和整合乡村治理资源的结果（铁锴 等，2020）。基于此，复合机制常常是具体治理过程的呈现形式。在美丽乡村建设方面，也要正确处理好行政机制、文化机制以及市场机制之间的关系。例如，农村土地市场机制更应当兼顾萧条型和发展型村庄，应进行不同的机制应对：萧条型村庄应当寻求公私合作，强化行政机制的作用，深挖当地的文化特色，在此基础上运用市场机制，才更能鼓励市场力量的积极参与；发展型村庄要警惕市场失灵，避免市场的短视效应干扰乡村发展的长远规划，在稳定行动路线的前提下最优化地适用市场机制，更能发挥市场在资源配置中的基础性作用。在市场机制和文化机制的结合方面，要充分认识地方文化特质，避免刻意照搬其他地方的治理经验（如各类生搬硬套的特色小镇建设），以深挖出更符合当地特色的文化产品，弥补政府供给能力的不足，实现文化需求与文化供给的有效衔接，进而满足农民的精神文化需要。

不过，行政惯例和文化传统并不是市场机制应用的差异化逻辑的全部，还应注意到属地本身的经济社会的发展状况，匹配不同的市场机制的设计。例如在乡村环境治理方面，尤其是与大城市群和大规模生态屏障地区相比，乡村和小区域环境保护应更加倚重民间力量和市场机制，建立社区、企业和 NGO 主导、政府支持的治理模式（张捷等，2020）。当然，乡村发展阶段上的差异，导致基层社会治理中的国家政策机制、村民自治机制、市场机制以及城市化机制作用程度不尽相同（丁亮 等，2020），例如我国东南沿海地带的乡村市场化机制发展较成熟，而西部经济落后地区的市场机制相对而言尚未得到充分发展。

此外需要注意的是，引入市场机制最终成功的标志，应为是否能从外生机制质变为乡村发展的内生机制。外生的市场机制对乡村建设具有明显负效用，例如交通便利但远离地方核心城市的乡村，因为劳动力流动的成本较低，乡村留住人才的能力反而下降。又如部分乡村采取“高额安家费”来吸引外来人才，但是却没有在具体的产业扶持、创业场地、要素市场培育方面下功夫，导致人才“易来难留”的结果。让市场机制在乡村治理中真正“扎下根来”，便需要乡村政府和社会进行持续的市场培育，促进生产要素尤其是先进生产要素向乡村的流动，推进城乡协调并进、共同繁荣的融合发展。

在实践中，杨村通过“引进投资、集体控股”，实现了产业资本的引进。农户可自愿申报，谁投资谁受益，项目采取统一运作经营的方式。为深化农村经济体制改革，破除城乡二元结构，杨村实现了农村集体资产的管理体制创新、经营机制创新和分配制度创新,完成了绿水街道杨村集体经济股份合作制改革工作①。经济合作社股份合作制改革后,新的经济组织命名为安吉县绿水街道杨村股份经济合作社,其性质为集体经济组织,继续承担原有村经济合作社的相关职能。改制后的杨村股份经济合作社具有独立法人资格,实行独立核算、自主经营、自负盈亏、民主管理,业务上接受上级主管部门的指导和监督。量化到人的集体资产股权仅作为股东享受集体经济收益分配的依据,所有权仍属股份经济合作社集体所有。通过集体控股,杨村实现了集体致富。这不仅有利于增加农民的收入,还带动了村民获得劳务工资、房租租金、农产品销售等多种经济收入,对加快培育新型农民具有现实意义②。

综上所述,乡村建设引入市场机制,既能有效减轻政府负担,弥补政府推动乡村发展上的短板和不足,又能吸纳社会资源参与乡村社会建设,实现社会资源配置最优化,社会主体和市场机制在美丽城镇和美丽乡村建设中的作用效益最大化,但规划引导与群众主体的对接方式,还需深入研究。

(三)法律机制

在乡村治理与乡村建设层面,法律机制的运用具有双重意义:一方面可以为乡村社会的治理活动提供规范基础,这是一种规范主义的描述;另一方面法律机制亦可以通过以具体问题为导向,疏解乡村治理困境,这是一种功能主义的描述。在实证主义法学和规范理论大行其道的时代,合法性是治理关注的核心焦点。但伴随着社科法学的发展,"如今,法律哲学权威理论的探讨重点已经由早期的合法性转向法律功能与规范逻辑的层面。这既是对功利主义的继承,也与乡村发展领域注重实质公平相趋同"(李长健 等,2019)。基于此,在中国特色社会主义法治话语体系下,对法律机制的使用不仅要遵循基础法理的规范命题,还需要立基于中国具体的实践语境,对规范命题中的法理论证进行实践调和。

在乡村治理与乡村建设的法律机制中,行政法机制占据了较大比重。与整个法律制度从规范主义迈向规范主义和功能主义并行的转型相同的是,行政法机制也在从传统行政法走向关注"合法与效能俱足"的新行政法(朱新力 等,2018)。有关环境行政法、网络行政法、卫生行政法等部门行政法方面的研究,都关注了治理主体的多元化、治理工具多元化以及治理路径多元化的发展趋向,行政法不仅仅是各领域治理中的控

---

① 资源来源:《绿水街道杨村集体经济股份合作制改革实施方案》(内部资料),2016年5月。

② 资源来源:《安吉县杨村2017年省财政扶持村级集体经济展试点实施方案》(内部资料),2016年8月。

权工具,即“依法控权”,更是帮助行政机关更好地履行行政任务的助推器,即“依法促权”。基于行政法机制的双重功能,在推进乡村治理的机制创新时,应当注意限权和促权功能的双重实现。例如,中共中央办公厅、国务院办公厅印发的《关于加强和改进乡村治理的指导意见》(以下简称《指导意见》)中明确指出:“清理整顿村级组织承担的行政事务多、各种检查评比事项多问题,切实减轻村级组织负担。各种政府机构原则上不在村级建立分支机构,不得以行政命令方式要求村级承担有关行政性事务。”上述规范的目的在于限制行政机关将不必要的、过多的行政任务交由村组织来承担,以减少基层治理的工作负担,将工作重心完全放在基层自治上,这一要求体现了行政法机制的“限权”功能。《指导意见》同时提出:“从源头上清理规范上级对村级组织的考核评比项目,鼓励各地实行目录清单、审核备案等管理方式……加强人民调解工作。完善调解、仲裁、行政裁决、行政复议、诉讼等有机衔接、相互协调的多元化纠纷解决机制。”这一规范是倡导性的规范,其目的在于鼓励和期待地方政府进行相关的制度建设,地方政府具有设定制度规范的较大裁量空间,这一要求体现了行政法机制的“促权”功能。

基于行政法机制的双重功能,行政法机制与相关机制共同形塑的复合机制具有多层次的法价值意涵:首先,复合机制是以追求形式合法性为前提,无论是市场机制、自治机制还是行政机制,都不得突破“依法行政原则”的刚性约束;其次,行政法机制是对复合机制中其他机制目标的综合的法律表达,换言之,行政法机制对各项机制所蕴含的理性内容进行了法定化操作,为复合机制的稳定运行提供了规范性期待;最后,行政法机制构成各类机制之间的耦合结构,以协调不同机制间的目标及价值冲突。例如,在乡村治理中,行政介入自治是一个极为惯常的现象。但在中国绝大多数乡村地区,乡镇政府试图以行政方式管理村庄,但效果都不怎么好,处于自治无力、行政无力的状态,但是如苏南农村,在经济基础较好的情况下,村集体掌握着大量资源,乡镇政府有必要监督村级组织使用资源,因此,苏南乡镇政府对村级组织就有较强的干预并形成了相对稳定的管理制度,并借由这些管理制度实现了行政对村级事务自治的介入(陈柏峰,2020)。

行政机制中的权力性格与自治机制中的自主性格存在一定的张力,但苏南乡镇政府通过一系列稳定的软法规范(即管理制度),充当了自治与行政干预的信任纽带,避免行政主体的治理出现权力真空,实现了对村级事务自治的有效监督。此外,村民自治过程中形成的村规民约作为自治组织体内部的软法规范,基于宪法赋予的自治性,理所当然地具有一定的规制性(史云贵 等,2018)。作为一种具有规制性的软法规范,实际上构成了多重机制的“治理契约”,它的规范效力不仅及于村民自身,还及于村委会,乃至与村委会签订相关协议的政府部门、企业单位,进而以村规民约规制多元主体对集体财产的侵蚀(李长健 等,2019)。

除了行政法机制外,民法机制也是乡村治理的重点内容。尤其是《民法典》颁布实施后,围绕乡村治理的各项民法问题不断涌现。例如,如何看待《民法典》对农村集体经济组织法人地位的承认?集体组织中成员和成员权的问题如何解决?如何重新理解集体所有权和农村土地承包经营权的规范意涵(孙宪忠,2021)?伴随着这些问题的逐步厘清,《民法典》通过对城市与乡村之间、乡村集体及内部成员之间的权利调整,塑造了一个新的乡村治理的私法秩序,调控着整个法律机制的运行节奏,它是整个法律机制运行的基础和归宿。

二、美丽乡村建设的非正式机制

乡村社会内部共享的一套文化意义符号从精神层面塑造了村庄共同体的内涵,使得村庄内部能够保持一致,并按照村庄内部的意愿维持村庄的秩序。受到城镇化、市场化等因素的影响,村庄的社会性质发生了一定程度的变化,但仍然部分地保留了村庄共同体的特质。费孝通先生在谈到传统社会农民聚村而居的现象时,指出农村无论是生产还是生活,都需要成员间的相互合作,例如兴修水利等公共工程的开展,也都需要居住在一起的村民相互合作……出于安全的角度,人多了之后更加容易实现自我保卫(费孝通,2007:17)。这里隐含了社会自治的问题。“社会行动主体对宗族的立场选择,主要取决于其与宗族本身之间的社会距离与空间距离。”(肖唐镖,2010:274)刘伟(2009)在系统分析了传统村落的基础上,从自然条件与空间分布、熟人社会的特质、交换圈的客观存在、资源总量的限制、模糊化的利益与民间信仰体系等分析了维持乡村发展模式的要素。弗里德曼也谈到了传统村落自组织的运转逻辑,“有些背景下,宗族与宗族之间发生冲突;在另一些背景下,却是宗教或者宗族的阶层部分联合起来共同对抗国家……从另一种意义而言,这种行为增长了他们的力量,因为长期以来他们都在运用他们能够胜任的保护”(弗里德曼,2000:154-155)。以村落氏族作为一个单位参加市场活动,也体现了一定的偏好趋向以及作为村落氏族特有的属性特征。这种特征虽然受制于“内群性偏好”(布劳,2008:10),但同时也可以通过“社会认证”来反馈给村落氏族内部的成员,迫使他们必须遵从相关的市场规范,“这些人的社会赞同对我们具有极其重要的意义,但其意义取决于它的真实性”(布劳,2008:53)。总之,象征性使用亲属关系的称谓来建立新的社会关系,这种现象很“普遍”,尽管称谓“并不延伸特定的权利和义务”(费孝通,1999:65-66)。

外界力量与村庄内部力量的互动与协调也是传统村落非正式机制生成并运行的

重要条件。除了诉讼、交粮、服役和考试之外，村庄几乎很少与国家产生直接联系。传统村庄能够维持内部的良好秩序，一方面是因为村庄内部有一套相对自主的治理体系，另一方面也是因为国家并未试图去垄断所有的合法性权利。施坚雅(1998)从市场的角度对村庄自主治理与发展的问题进行了分析，认为村庄其实是与一个更大的经济、行政、社会编织的市场网络联系在一起的，正是由于这个外部网络的存在，才能够支撑起村庄内部的稳定性，也就是说在政府之外，乡村社会存在着大量内生的宗族和权力的文化网络等组织体系。传统中国的国家建制只到县一级，乡村内部事务大多交由地方精英来处理，正所谓“国权不下县，县下惟宗族，宗族皆自治，自治靠伦理，伦理造乡绅”(秦晖，2003:3)。吴晗、费孝通等学者就提出传统中华帝国时期皇权受到两道防线的约束，“一道是无为政治，使皇权有权而无能；一道是绅权的缓冲”(吴晗 等，2012)。黄宗智(2008)的“集权的简约治理”与李怀印(2008)的“实体治理”就点出了乡村地方精英与地方性规则的价值。国家在受到财政不足等因素的影响下，不会以派驻行政机构的方式进驻乡村社会，由此避免了国家权力对地方性规则的破坏。作为回报，乡民就对乡绅倍加信服与敬仰，形成了一种有效的回馈机制，“组织和职能分工具有一种导向个体性权力的内在趋势，这种趋势是源于管理和协调的需要。……那些处于监督和协调地位的人享有对他人的巨大组织优势”(曼，2002:9)。

对于大多数农村社会而言，村庄治理与发展的任务一直都是由宗族和保甲等基层组织来主导完成。它们规定了各自的地位和关系，妥善处理产生的矛盾，使社会关系进入和谐、有序、稳定的状态。地方乡贤作为地方政府和民众之间的缓冲，是连接地方政府和民众的桥梁。地方政府在处理一些比较基层的民事调解时，由于涉及家庭和谐，关乎社会稳定，调解具有私密性、复杂性、涉人身情感性等诸多特殊因素。即使是在当前，自上而下的司法系统对农民来说仍然太贵，而纯民间的传统调解系统，大多不能指望(贺雪峰，2013b:152)。瞿同祖(1981:26-27)也提到“从家法与国法，家族秩序与社会秩序的联系中，我们可以说家族实为政治、法律的单位，政治、法律组织只是这些单位的组合而已……每一家族能维持其单位内之秩序而对国家负责，整个社会的秩序自可维持”。由于生产力的局限以及古代基层官员分配的缺少，在一些非重大的刑事案件或民事纠纷中，官员不可能事无巨细地监督和管理。所以在传统中国的乡村，官方法律并不能完全起到规范村民行为的作用，这时反倒是“乡约”起到了关键性的作用，这也得益于其形成的原因。这种“乡规”与其说是制定出来用于规范乡民、族民的章程制度，倒不如说是众乡民、族民在本地域特殊的社会经济环境下，自我约定俗成出来的。乡绅在维护乡村秩序时不需要刻意地“三令五申”相关的律法条文，只要在生活实践中秉持这一可以践行的观念，既可以赢得大量民众的爱戴，又可以减少行政成本。

在传统中国，在国家统治力度相对薄弱的广大乡村，乡绅的地位、影响在某种意义上已经远远超越了有着正式身份的地方官，且这种模式的成本相对较低。

乡贤文化与社群濡染，同样促进着乡村建设的文化再造。文化再造的核心是文化价值的再造，这种不仅包括对新文化价值的学习，也有对传统的延续。在传统中国，由于地理、技术等方面的原因，形成了数千年的“天高皇帝远”“国权不下县”的传统，县域以下的乡村社会基本不受皇权的直接掌控，各地乡贤成为乡土社会的实际管理者和文化精神的引导者，在维系乡村社会的公共工程和公共秩序，乡村的文化、风俗，乡民的伦理、教化等方面都发挥了重要作用。乡贤文化是县级基层地区研究本地历代名流先贤的德行贡献，用以弘文励教、建构和谐社会的文化理念和教化策略。乡贤文化属于地域文化的重要部分，是乡贤所创造的具有人文价值的物质成果和精神财富。通过从优秀传统文化中寻求资源完善乡规民约，发挥乡贤作用，弘扬乡贤文化，用乡贤具有的经验、学识、技能、财富及人格品质等资源，教化乡民、凝聚人心，就会形成默会的知识，继而对社群产生影响，内化为价值观念。这就达到了文化再造的目标，实现文化观念的真正改变。比如，当保护环境成为一种自觉的文化观念时，就有助于美丽乡村建设的推行。而在保障平等和自由的法治文件方面花费大量资源时，乡村精英往往是“在远处观察”，并不轻易进入，因而被实际执政的政治精英所忽视。一旦精英们采用了特定的法治权利，并且在实践中得到了尊重，它就会成长为一种强大有效的武器，能够在危机条件下承受非常大的压力。

美丽乡村建设作为新型发展体系，其中，文化作为具有感染力的黏合剂，蕴含着理想信念、价值取向、道德规范，时刻影响着发展氛围和价值观念。自上而下的美丽乡村文化价值观的强化，主要是由政府推动的。从心理学机制上说，不断强化可以使价值内化。当前国家和法律的力量，已经渗透到乡村社会的基层，并对乡村秩序的构建起到显性的作用。如今，乡村社会已经不再是处于“天高皇帝远”的状态，而是代表国家、法律的力量就在身边。随着政府的引导，诸如文化礼堂的制度建设，可以较好地在基层宣传社会主义核心价值观，引导美丽乡村文化建设。基于以文化礼堂为代表的实践运作与以村规民约为代表的制度约束，是安吉县美丽乡村建设的重要一环。一些地方由于财力雄厚，可以在短期内建成美丽乡村，但这样的美丽乡村建设模式却难以复制、难以持续长久。因此，美丽乡村建设单靠外力输入是不可能持久的，关键在于激活美丽乡村建设的内在发展活力。美丽乡村建设必须注重体制机制创新，尤其要探索建立长效永续的美丽乡村建设和发展机制。安吉县美丽乡村建设比较重视文化濡染的机制创新，突出“精神家园”的核心定位，是动员社会力量参与乡村建设的有效途径。

在安吉县的实践中，社会动员是政府推进乡村建设进程的主要手段之一，党和政府都积极运用社会动员的方式推进乡村建设，以期达到多元主体共治的效果。杨村充分利用了“软”与“硬”两套话语与规则体系来凝聚村庄共识，调动了内部一切可以利用的发展资源与关系网络。“硬”的规则主要体现在村庄制定了一系列的强制性制度，通过这些制度的执行引导村民在日常生活中养成环境友好行为。“软”的规则是指村庄充分利用“面子”“道德”等村庄内生性的规范，经常性地“做工作”来积极引导村民在生活中参与村庄建设。中国人是情本位的，情感是立国与社会建设的基础，从民众角度出发，以情理动员民众可以让他们主动参与到环境维护中来。村庄建设是一项基础工作，和每一家农户都紧密相关。为了动员群众，当地干部要以身作则，带好头。要拆房、要让路，村干部先拆；要种植、要绿化，村干部先种。干部带头，加上大力宣传和积极引导，使村民充分理解并积极参与绿化、环境建设。在杨村的美丽乡村建设中，村里召开党员、村民组长会议，各组召开村民会议，开发区召开座谈会、走家入户等几十次，掀起了热烈的创建热潮，营造出热火朝天、全民参与的工作气氛。杨村尤为注重村民的美丽心灵建设，通过村民信箱、宣传栏、培训、入户宣传等形式，对环境保护的意义与价值进行了深入浅出、生动形象的阐释，在村庄范围内营造了参与美丽乡村建设的氛围。

第三节
美丽乡村建设的复合模式

安吉县立足于自身的地理与区位优势,通过坚持"生态立县"战略,实现了经济发展与环境保护的协同演进,最终走出了一条城镇与乡村、经济与社会互促共进,人与自然和谐相处的生态文明建设之路。环境是经济社会发展的重要支撑,没有良好的环境,经济社会很难获得持续发展。环境质量既是美丽乡村建设的根本基础,同时也是人和社会持续发展的基础。正如洪大用教授所说:"环境保护涉及生产方式和生活方式的根本变革,其本质是要建设以资源环境承载力为基础、以自然规律为准则、以可持续发展为目标的资源节约型、环境友好型社会。这样一种社会的建设包括价值、组织、制度和技术等各个领域、各个层面的变革,是一项整体性、有规划的社会重建过程。"(洪大用,2017a)经过近 20 年的实践,安吉县在农村环境质量建设中,将制度落到实处,没有搞运动式的发展,而是根据不同阶段的发展情况,调整发展的方式,进而实现了美丽乡村建设的常态化。美丽乡村建设的安吉模式,以实践生态文明为首要前提,通过走内生发展之路,改善农村环境和村容村貌。因此,本节将以美丽乡村建设中的环境治理为例,注重对安吉县美丽乡村建设的影响因素以及最佳实践路径展开分析,以此呈现多元主体以及复合机制在推动美丽乡村建设中的实际作用。

一、美丽乡村建设的核心要素

(一)行政因素

1. 公共政策导向

在中国语境下,政府部门的政策制定将会对经济发展的方式产生重要影响,而这种影响往往会与环境质量建设联系起来。改革开放初期,我国确立了以经济建设为中心的发展方式,在此种发展方式的激励下,"唯 GDP 论"的考核机制导致地方政府将主要的精力用于发展经济,而常常忽略民众迫切关心的环境质量等问题(周黎安,2007)。

地方政府为了招商引资，往往会选择降低环境保护的门槛，进而衍生出很多的环境污染问题。安吉县农村环境质量的改善离不开中央乃至省级政策的引导，但更为关键的是地方政府治理的决心和能力。制定一个战略后，短时间内施行并不难，难的是一以贯之地坚持。自2001年安吉县确立了“生态立县”发展战略以来，政府的政策制定始终将环境保护置放到优先位置，尽管各级领导换了一任又一任，但围绕生态立县的工作重心一直没有改变，生态立县发展战略在安吉县落地生根，一个日趋成型的安吉模式也随之凸显出来。美丽乡村项目的出台，也是安吉县政府立足于生态立县的战略而提出的，通过政策的影响力将市场、社会等因素逐渐引入农村环境治理领域。此外，农村的环境污染，尤其是农村生产、生活所产生的各类环境问题，离不开相关责任部门的监督，同时也离不开市场企业与社会公众参与，因此建立健全农村环境质量检测、监督体系是应对问题的关键。

2. 公共职能转变

地方政府的发展理念与职能设置会对环境质量的改善产生直接影响。当前，政府依然在环境治理中占据主导地位，其对环境治理的态度与投入将会直接影响到企业、环保组织与村民等多元主体力量参与农村环境治理的积极性与主动性。2003年，浙江省委、省政府实施“千村示范、万村整治”的政策。该政策的初衷是围绕农村环境治理展开，着重解决农村居民最关心的村庄环境脏、乱、差等问题。2005年，习近平同志在安吉县首次提出了“绿水青山就是金山银山”的“两山”理念，从此安吉县拥有了实际的指导理念，这种理念的确立有助于政府把更多的政策、资源、财力向农村环境治理倾斜。在“两山”理念的指导下，安吉县对政府的职能设置进行了重大调整。安吉县将散落于农业、林业与水利等部门中的环保机构与环保职能进行重组整合，统一归于环保部门负责，强化环保部门的权威性与独立性。此外，构建以环保部门为主导，农业、水利、国土与财政等职能部门协同参与的农村环境治理合作委员会，制定环境治理协调制度。明确地方政府各部门的职责，有助于打破各自为政、条块分割的治理格局。此外，服务型政府的构建，有助于政府综合运用各种方式引导企业、居民、社会组织等主体参与到环境治理的全过程之中。

（二）经济因素

经济增长对环境质量建设的影响，主要体现在结构效应上。这里所说的结构主要是指随着一个国家或地区经济的发展，其形成的经济结构、产业结构乃至消费结构都将影响环境质量。例如以农业生产为导向的能源密集型产业，生产过程中大多有污染物的排放。当从第二产业向第三产业转型后，污染物排放量下降，环境质量得到改善。

中国地区发展不均衡，产业结构调整往往演变为地区分布调整，部分污染企业开始向农村地区和中西部地区扩散和转移，而不是就地改造技术，变成环境友好型企业，这在全国的制造业中始终占有很大比例，是中西部地区在近年中实现经济和环境污染“双增长”的一个重要原因(洪大用，2012)。安吉县的环境质量建设之路也是一条产业结构转型之路。面对环境污染日益严峻的客观形势，安吉县加快了产业结构调整，重点发展第三产业经济，支持生产性服务业的发展，并全面禁止低效益、高污染、高能耗行业进入，逐步取代工业生产的主体地位。与此同时，加快农业龙头企业、科技园区、无公害标准化生产基地及专业合作组织的建设，因地制宜发展生态农业，以竹产业为代表的无污染、低能耗的绿色产业已成为安吉县的经济支柱。总之，产业结构的调整对环境质量建设至关重要。

市场经济所带来的技术创新也对环境质量建设有直接影响。技术创新在一定程度上能够提升对资源的利用效率，降低生产、生活所消耗的自然资源，从而有利于减少主要污染物的排放，进而达到环境治理的目标。在农村环保领域，环保技术企业的进入有助于从污染源头创新、产品过程创新和末端治理创新，提高环境治理的效率。技术进步往往还能够反过来促进产业结构的优化升级，尤其是能够通过提升技术门槛，淘汰那些污染密集型企业。安吉县的整体思路是通过技术引进、技术创新，推动产业结构升级与绿色化。在农村环境治理中，安吉县大力扶持绿色循环产业的发展，尤其对废弃资源综合利用和废旧材料回收加工等环保产业给予了大量的政策优惠。以市场化的运作模式将那些拥有绿色治污技术的优质企业引入国家的污染治理公共服务中，给予企业盈利的市场空间，以便企业后续能够持续加大对技术创新的投入。高污染企业与环保企业携手合作，有利于企业不断调整更新环保技术，同时也让污染型企业有了灵活的减排和治污空间，最终实现通过技术创新达到从污染源头治理的目标。

居民的经济收入水平也是影响环境质量的关键维度。对环境质量的更高追求，是当前人民对美好生活需求的现实反映。一个国家或地区人民收入水平的高低，将会对社会的整体环境需求产生影响，进而影响人民的环境态度与环境行为。高收入群体往往具备较高的环境需求，会对环境提出更高的要求，他们也有能力去支付环境保护所产生的必要成本。除此之外，即便是对环境治理不关心的高收入群体，他们往往也能够发挥自身的经济优势，尽可能地规避所需承担的环境风险。而低收入群体，往往无力承担环境治理的成本，可能会陷入贫困与环境恶化的循环之中。环保产业的不断更新换代、技术条件的提升等都需要经济发展水平作为支撑，贫困地区、贫困人口往往难以负担起环境治理的成本。此外，从环境制度创新的角度来看，环境政策或标准的制定需要大量的调研和科学分析，这些都需要投入足够的人力、物力和财力。安吉县通过征收排污税、明晰排污交易权等市场经济手段，促使企业减少污染物排放量，降低污染的社会成本，进而达到减轻环境污染的目的。总而言之，环境质量的改善需要消耗一定的社会资源与财富，经济收入的差异将导致对环境需求与环境公共产品提供的差异性。

（三）社会因素

环境的公共物品属性决定了除政府与企业外，公众也需要承担起相应的治理成本。生态环境系统具有综合性、复杂性的特征，其发展变化都将影响到其他系统，尤其是社会系统，这就决定了环境事务领域需要多方力量共同参与解决。村民的社会参与往往能够减少因信息不对称、资金投入不足等造成的环境治理不畅问题，而且还能够充分发挥大众的智慧以解决各类实际的环境问题。在农村环境治理中，村庄共同体的特殊属性决定了村民是环境治理的绝对主体，也是环境治理的最终受益者。村民获得一定层次的参与权有助于改变传统自上而下的治理方式，填补信息或者技术空缺，同时也有助于提高决策的科学性与认同度。在安吉县农村环境治理的过程中，能够看到地方政府坚持把农民意愿贯穿于工作的各个方面、各个环节，充分发挥了包括广大农民在内的社会各主体的积极性和能动性。公众的积极参与破解了环境治理的单向性与运动性，实现了治理的常态化。村委会不仅发挥着调动村民参与环境治理的积极性与主动性的作用，同时也能够综合利用人情、面子等非正式手段展开环境治理。环保非政府组织等社会团体与行政性倾向的政府及利益性倾向的企业不同，他们具有服务性和公益性倾向的特征，往往能够在传递环境信息、提升村民环境意识等方面发挥积极作用。除此之外，民间环保力量成为真正致力于改善我国环境状况、维护人民群众正当环境权益、促进中国社会经济与环境协调发展的重要力量（洪大用，2005a）。这些力量在环境教育、推动社区环境整治、倡导绿色生活方式等方面发挥着积极的作用。

此外，在乡村语境下，传统的社会规范依然在发挥着作用。社会规范是村民在日常生活中所遵守的集体行为准则，这种规范能够通过道德、声誉等机制对个体行为产生影响。社会规范既具有约束性，也包含互惠性。农村环境治理的有效开展离不开社会规范的支撑，如果缺乏共同的行为准则，将会导致治理的无序性与反复性。从约束性的角度来看，在日常生活中村民仍然受注重面子、人情等非正式规范的影响，假如环境治理已经获得了大多数村民的认同，在这种情况下的破坏环境行为，不仅会造成个人声誉受损，同时也可能面临内部的孤立。从互惠性的角度来说，当村庄内部能够达成一致，那么所有人都会将环境问题与自己的切身利益挂钩，从而有助于减少后期的环境监督成本。乡村内部的社会关系网络，主要是依靠传统的地缘、血缘结合在一起的，这种以家族为核心纽带的群体，往往能够在集体行动时呈现出一致性。当社会网络内部相对和谐一致的时候，群体之间的合作能够得到信任机制的支撑，加强治理中集体的凝聚力和个人的归属感。肖永添(2018)指出乡村社会关系网络既有可能减少环境治理中的“搭便车”行为，也有可能形成环境污染的“羊群效应”。当然，社会网络结构是一把双刃剑，当社会网络紧密团结的时候，它就能够发挥治理的叠加效应，提高集体行动的效率，降低治理的社会成本。而当社会网络比较松散的时候，就会出现信任度下降，在集体行动的过程中普遍选择“搭便车”的问题，从而不利于环境建设。

(四) 地域文化因素

地域文化大多是基于特定的自然、环境、历史传统等因素相互作用而成的。一个地区的文化是特定地域的传承和延续。安吉县具有悠久的历史，是吴越文化和楚文化的交融之地，外来移民较多。在长期的历史发展中，这里形成了璀璨多元的地方文化。安吉县是一个不折不扣的“移民县”，也许正是这一特质塑造了安吉县人“敢为人先、艰苦奋斗、开放包容”的文化个性。据《安吉县志》记载[①]，“太平天国战乱后来自河南(光山、罗山、商城等县)，安徽(安庆、徽州)，湖北等地的移民大多以开荒种稻为业，来自苏北的移民从事水上承运、码头搬运、挑卖苏北糖果、抬轿和理发等服务业，来自台州、宁波、绍兴等地的移民大多以精耕细作见长，少数经商……”移民城市因移民人口带着各自的文化基因和丰富多样的地域文化，在相互碰撞、交流和影响中形成一种融合而非互斥的文化环境。“移民城市最有可能培育和形成实现创造性转化和创新性发展的中华文化。文化流动的混杂、互动特性可以修正经济对文化的消极影响，促进文化流动，保持开放、创新和包容品格，使移民社会焕发出更大活力”(田欢，2017)。此外，安吉县十分注重对农村传统文化的继承及发展。安吉县还是吴昌硕、诸乐山等名人巨匠的故里，非物质文化遗产资源十分丰富。依托丰富的文化遗产资源，安吉县初步形成了东北民间民俗文化区域、西北书画艺术区域和西南竹文化区域三大特色文化区域。在创建美丽乡村的过程中，安吉县以建设与复兴乡村文化为推手，凝聚了乡村发展的活力。在安吉地域特色文化传承的过程中，文化习俗、生活习惯、民风信仰等对农村环境质量改善发挥着相对稳定的作用。

村民的文化素质也是影响环境治理的关键。已有研究论证了受教育程度与公众环境意识之间的正向促进关系(洪大用，2005b)。通过提升村民的整体素质，有助于形成环境保护的氛围，在垃圾分类、生活污水处理等方面，除了需要政府、市场等外部主

---

① 安吉县地方志编纂委员会编:《安吉县志》，第 63 页，浙江人民出版社 1994 年版。

体的努力，也需要村民具有一定的环境知识水平。政府部门在进行宣传的过程中，假如村民的文化素质不高，那么将很难实现应有的宣传效果，在无形之中加大了环境治理的难度。安吉县在农村环境治理中，积极弘扬“绿水青山就是金山银山”的生态文明理念，进一步提升了全民生态意识、环保意识，绿色节约的消费模式和生活方式深入人心。中华民族自古以来讲求人与自然和谐相处，这种优秀的传统文化有助于村民树立良好的环境保护观念，进而为共同治理乡村环境问题提供理念支撑。节约资源、保护环境的观念已经成为社会各界的普遍共识，整个社会文化氛围都在塑造益于节约资源和保护环境的绿色消费。良好的文化氛围，有助于弥补政府错位、市场缺位、社会组织失位所带来的治理成本过高的问题。当人与自然和谐相处的文化氛围形成时，村民不仅仅是内化了自身环境保护的思想，同时为其监督其他主体的环境行为创造了前提条件。如今，可持续发展意识和生态文明的观念纳入基础教育、高等教育、职业教育等领域，相信这种长期的文化熏陶能够促使人们对环境质量的偏好不断增强，进而为经济发展与生态环境的耦合协调发展提供可持续的保障。

二、美丽乡村建设的实践路径

本部分将以安吉县的农村生活垃圾治理为例，总结安吉县在推动农村环境质量建设的最佳实践路径。

1. 农村生活垃圾治理的制度保障

在“安吉模式”中，地方政府赋予自身的角色定位是生态文明建设的掌舵者，切实发挥引导、协调、监督和服务保障的功能。政府一方面从法治监管等方面约束和规范市场、社会等主体的相关环境行为；另一方面，从财力、信息等方面提高村民自治组织治理的能力和素质，鼓励并引导市场、社会积极参与农村生活垃圾治理。

首先是路径设计，注重统筹设计与专项规划。安吉县在治理中强调以规划的刚性确保落实的力度，全县一盘棋，所有部门都参与到美丽乡村建设的规划与行动之中，乡镇(街道)与村都需要根据各自的实际情况完成规划纲要的编制与执行。《安吉县建设“中国美丽乡村”行动纲要》《安吉县“中国美丽乡村”建设总体规划》等整体规划出台，为安吉县美丽乡村建设提供了政策体系支持，奠定了乡村发展的整体格局。而在农村垃圾治理的专项规划方面，安吉县制定并颁布了《安吉县农村生活垃圾分类处理实施办法》《安吉县农村生活垃圾分类处理规范》等一系列文件和标准，旨在科学、规范地推进农村生活垃圾分类工作，同时还根据美丽乡村建设整体规划印发了《中国美丽乡村生活垃圾分类指导手册》《浙江省农村生活垃圾分类 100 问》等规章手册，在指导农户分类投放等方面形成了一套较为完备的“指导、考核、奖惩”体系。安吉县在已有治理经验的基础之上，委托相关科研机构制定了《安吉县农村生活垃圾分类和资源化利用总体规划(2017—2020年)》，试图进一步推动农村生活垃圾精细化治理。这些举措充分凸显出政府所承担的职责，同时也为农村垃圾治理工作明确了方向。

其次是工作机制，进行县、乡、村三级联动与创新试点。在开展农村垃圾治理实践中，安吉县构建了县、乡、村三级联动机制，明确了“政府领导、村为主体、人人参与”的治理格局。县长效管理督查考核办公室负责垃圾分类工作考核，每月不定期通过现场实地查看和随机走访对各乡镇(街道)垃圾治理工作进行回访。乡镇(街道)则将建设的目标逐项分解到个人，实行“一把手”责任制。此外，乡镇(街道)一级还按照属地管理原则，成立了相应的垃圾分类督查小组，负责对各村运送垃圾情况进行检查。在行政村层面形成了村干部、保洁员、农户三方相互监督的局面。保洁员在垃圾回收过程中对农户分类情况进行监督与指导，村督导考评小组每周汇总统计农户的垃圾分类情况，农户则可对保洁员、党员和村干部的失职失责行为进行投诉。此外，安吉县自2013年起率先在7个试点村开展农村生活垃圾分类处理工作，并建立起分类处理模式和管理机制，指导各村因地制宜开展生活垃圾分类工作，到2017年底上述机制基本实现了县行政村全覆盖。近两年安吉县按照“垃圾不暴露、转运不落地、沿途不渗漏、村容更整洁”的原则，持续开展了农村“垃圾不落地”的创新试点工作，在最大程度上确保农村生活垃圾得到“日出日清”，规避了农村垃圾中转和运输过程中的二次污染等问题。

最后是长效管理，吸纳市场与社会常态化参与。安吉县按照“综合整治、长效管理”的原则，一方面引入市场主体实现“技术植入”，即通过企业提供的技术开展规模化和专业化的垃圾治理服务，另一方面将垃圾分类专项培训纳入农民培训计划，通过“理念植入”吸引更多的农户参与进来。各乡镇经常通过组织村干部外出考察、比较学习等方式，借鉴全国其他地区的先进垃圾处理经验。在监管方面，安吉县建立了立体监管体系，群众网络举报平台、部门长效管理督查和县长效管理办公室专门督查的三方督查同步推进，对群众和新闻媒体投诉举报存在问题且不及时整改的村，实行长效管理实绩扣分，而实绩分数将直接影响村庄能否获取乡镇(街道)的财政补贴。此外，安吉县通过地方新旧媒介平台，定期开展垃圾分类宣传教育，以此营造良好的环境保护氛围。县、乡镇(街道)、村各级单位会经常性地举办形式多样的垃圾分类大赛，以生活化的形式激发农民参与垃圾分类的热情。在农民培训中心开办以“垃圾分类”为主题的大讲堂，进行系统宣传和知识培训以提高分类正确率，同时要求村内党员挨家挨户进行宣传教育并发放《垃圾分类试点工作倡议书》。除上述措施之外，安吉县财政部门还以奖励资金担保、信用社专项贷款等方式，建立起商业性、合作性与政策性相结合的农村金融服务体系，为农村生活垃圾治理提供相应的资金保障。

2. 农村垃圾治理的技术支撑

安吉县在治理实践中十分重视市场力量的引入，大量市场技术的引入为农村生活垃圾治理提供了技术支撑。运用技术却不受制于技术，在运用技术的过程中，安吉县许多乡镇(街道)与行政村都能根据各自的实际情况，选择相应的处理技术并进行“本地化”改造，最大限度地做到有效、方便和可操作化。

首先是灵活运用垃圾处理的四种类型与五种技术。安吉县农村生活垃圾分为厨余垃圾、可回收物、有害垃圾和其他垃圾。针对厨余垃圾的回收，偏远散户可自主将厨余垃圾用于喂养家禽家畜或经小型堆肥发酵后转化使用。居住相对集中的村民将厨余垃圾收集后投放到指定垃圾桶，保洁员定时清理收集并进行二次分拣。针对可回收物，村民可自主投放到村内指定的垃圾桶或直接投入垃圾分类智能回收终端机，之后由专车收集后进行资源化再利用。针对有害垃圾，村民可将其投放到指定垃圾桶或垃圾分类智能回收终端机，集中转运后进行无害化处理。针对其他垃圾，村民也只需将其投放到指定垃圾桶即可。厨余垃圾是农村生活垃圾处理的一大难题，安吉县根据各乡镇的基础条件与发展水平，在综合参考各类处理技术的投入、运营与维护的基础上灵活采用了五种技术：生物菌发酵处理技术，利用生物菌把有机物快速降解发酵，生成有机肥料，这种技术对垃圾分类程度要求不高；有机垃圾集成处理技术，采用有机垃圾破碎、脱液、除臭、杀菌、干燥集成系统快速处理，适合垃圾分类基础较好的地区；沼气综合利用技术，对垃圾分类的精细化程度要求也不是太高，有机垃圾经过厌氧发酵，产生的沼气、沼渣、沼液均可用于农业生产生活；此外还有太阳能有机垃圾处理技术与简易垃圾堆肥技术，但这两种技术利用的效果与适用范围相对有限。

其次是引入“互联网＋”生活垃圾处理市场化服务。根据农村生活垃圾“减量化、无害化、资源化、生态化”要求，安吉县探索引入物业管理进农村，这样既能为农村生活垃圾处理提供专业技术与服务，同时也有助于激励农民积极参与生活垃圾分类工作。农村物业管理协会的成立为农村生活垃圾治理提供了“多样化、专业化、标准化”的治理流程与规范。农村物业管理协会的存在同时有利于对物业企业的管理，避免了低价竞争所带来的服务质量下降等消极影响。安吉县还积极推进“互联网＋”与农村生活垃圾处理相结合，利用物联网技术、专业化外观设计开发了垃圾分类智能终端设备，通过搭载垃圾分类综合服务软件，以简洁易懂的人机交互界面方便农户进行垃圾分类投放。垃圾分类智能回收平台和废旧衣物投放箱的设计，按“一户一卡”登记办理垃圾分类智能卡，通过智能交互软件实现垃圾登记分类，分类信息同步传输给中心控制平台，对分类活跃度较高的农户给予物质奖励，以此培养农民垃圾分类的好习惯。此外，受益于政府大规模购买第三方社会化服务，多家企业与安吉县政府展开合作，开发了不同类型的互联网智慧管理系统，这些举措均在引导农民参与生活垃圾分类的过程中发挥了重要作用。与此同时，巨大的市场需求也给予了企业较为丰厚的利润回报，这也是支撑企业不断更新技术以及持续参与农村环境治理的主要动力。

3. 农村垃圾治理的社会参与

政府的鼓励与引导是社会主体进入并参与环境保护的有利条件，与此同时，通过多年的经济发展和治理实践，村民自治组织与农民个体也逐渐具备了参与环境治理的能力。随着村庄自然与人文环境的不断改善，身处其中的村民切实享受到了良好生态环境反哺的种种“生态红利”，于是逐渐形成了保护环境就是维护个人利益的理念。在兼具环保理念与环境治理能力的条件支撑下，村民自治组织与村民个体都会自发地参与村庄的环境治理工作，从而实现了从“人改变环境”到“环境改变人”的转变。

作为治理核心主体的村级组织发挥着核心作用。村庄作为一个社会系统，与环境系统的关系十分密切，村庄要想实现治理有序与稳定发展，自然需要主动寻求与环境系统的良性互动。相较于城市社区组织而言，村民自治组织具有对村庄内部资源进行配置与优化的优势，这对生态秩序规范的建构起着至关重要的作用。村庄共同体往往有着很强的内聚力和价值生产能力(董磊明 等，2017)，这是将农民组织起来并展开集体行动的重要基础。地方政府的治理赋权以及村民自治组织治理能力的提升，让村庄能够切切实实在垃圾治理中发挥核心的作用。在安吉县农村垃圾治理中，村民自治组织会积极主动地对村内的环境公共事务进行常态化维护。许多村庄甚至直接将垃圾源头分类、定点定时投放及其他规范村民卫生行为的相关要求纳入村规民约之中。各村庄的妇女队长和村小组长也会定期召开有关垃圾分类的宣传会议，并逐户发放有关宣传资料，大力宣传农村生活垃圾分类及无害化处理的意义。村委会统计好各自然村的户数，购买“两桶一筐”装置并配备垃圾袋统一发放到户，告知农户将每天产生的可回收、不可回收等垃圾投放到集中点。一些村庄往往会邀请村里的老党员、老干部对垃圾分类不规范行为进行入户规劝指导。此外，安吉县很多行政村都设有文化礼堂，并定期举办各类贴近群众实际生活的活动，比如由村民自编自导、精心设计的以宣传环境保护为主题的文艺晚会。

村民主体的积极参与发挥了不容小觑的重要作用。农村生活垃圾的产生与村民的日常生活习惯密切相关，这意味着离开村民的参与将很难保证治理的高效性与稳定性。安吉县充分鼓励各个行政村发挥主观能动性，在此背景下许多村庄推行了多种不同类型的参与机制，实现了“管理制度村民定、管理人员村民选”，广大村民不仅是决策者，还是参与者，更是受益者。村庄在引导村民的过程中，始终以激发村民的主体参与意识为核心目标，试图将村民的个体利益与村庄治理的整体利益相关联。例如部分村庄在充分尊重村民意见、建议的基础上，公开推选并组建了业主管理委员会，此类组织一般由自然村（住宅小区）住户选举产生，组织成员自愿承担这份无薪酬工作。业主管理委员会负责定期组织绿化卫生评定小组开展交叉检查，通过多人现场打分、即时评比等形式监督村民。起初，村民在承受评比压力的情况下，往往会出于人情、面子或者激励机制而被动地遵守规定。但随着村庄环境面貌得到明显改观，村民们也逐渐意识到保护生态环境的重要性，开始积极主动地参与到村庄环境治理中。此外，村民环境意识的提升也为常态的社会化监管提供了前提条件，邻里之间会自发地相互监督，有的村民甚至会主动监督外来游客的不文明行为。村民们主动保护环境意识的提升，促进传统村委会的包揽管理、突击式打扫向全体村民积极参与、常态化监督转变，实现了治理稳定性与连续性的统一。

第四章 美丽乡村建设的环境质量基础

改革开放以来，我国的经济社会取得了突飞猛进的发展，人民的整体生活水平也得到显著提升，然而在追求经济发展的过程中，却衍生出诸如水土污染、空气污染等环境问题。传统的粗放型发展模式，不仅是造成环境污染的主因，同时也成为影响绿色社会建设的主要障碍。党和国家在顶层设计层面已经关注到环境治理问题，尤其进入 21 世纪以后，在 2002 年党的十六大报告中，明确提出要走可持续发展道路，坚持经济与环境协调发展理念。2007 年党的十七大报告首次提出了生态文明建设。2012 年党的十八大报告进一步将生态文明建设与经济、政治、文化、社会建设置于同等重要的高度，“五位一体”总体布局正式提出。2017 年党的十九大报告，强调要将生态文明建设置放到突出位置，提出的新目标“建成富强、民主、文明、和谐、美丽的社会主义现代化强国”中“美丽”一词首次被提出，进一步把建设“美丽中国”上升到建设社会主义现代化强国的高度，并将建设生态文明提升至中华民族永续发展的千年大计的高度。2018 年十三届全国人大一次会议将“生态文明”正式写入宪法。由此可以看出，环境质量建设已成为当前社会各界高度关注的热点议题。

环境质量不仅仅是人类社会得以延续生存的关键，同时也是整个社会经济可持续发展的有力保障。当前学界针对环境质量的概念界定虽然存在一定的差异性，但具有相同的概念内涵。环境质量主要指向的是环境系统的属性与状态。有学者提出环境质量是指在特定的时空条件内，环境系统对于人类生存和繁衍及社会经济发展的适宜程度，也即对环境的性质及数量进行评定的尺度（叶亚平 等，2000）。也有学者综合已有研究指出环境质量的好与坏，其实就可以用环境污染的程度来进行具体测量（韩君，2016）。本书所说的环境质量主要是指自然环境质量，但在研究的过程中也明确提出环境质量不仅包含自然要素，同时也融合了社会因素。2020 年是全面建成小康社会的收官之年，习近平同志曾深刻指出“小康全面不全面，生态环境质量很关键”，环境质量的好坏是社会经济发展的根本基础与必要条件，也是反映人民对美好生活追求的关键维度。

从中国的具体国情出发，回顾与总结各地在美丽乡村建设的过程中环境质量建设的主要做法，成为一项刻不容缓的工作。在经历污染之痛后，安吉县于 2001 年以“壮士断腕”的决心正式提出“生态立县”发展战略，随后以美丽乡村建设为“推手”，重点对农村的环境污染问题展开了深度治理。经过长达 20 年的治理实践，政府、企业、个人等涉及农村环境公共利益的相关主体通过自觉、自愿的集体行动展开协同共治，实现了环境质量建设的高效性与持续性。本章将立足于安吉县的整体研究，以探究环境质量对美丽乡村建设的影响为根本出发点与落脚点，与此同时，对美丽乡村建设背景下环境质量建设路径进行探讨，进而理顺环境质量与美丽乡村建设的关系，为我国绿色发展理论和实践添砖加瓦。

第一节
环境污染之殇：乡村环境质量的不断恶化

农村环境质量建设是农村社会和谐发展的重要基础，同时也是乡村振兴的重要内容之一。2018 年《中共中央 国务院关于实施乡村振兴战略的意见》提出要按照“产业兴旺、生态宜居、乡风文明、治理有效、生活富裕”的总要求实施乡村振兴战略，其中提到“让农村成为安居乐业的美丽家园”，并且要在 2020 年做到“农村人居环境明显改善，美丽宜居乡村建设扎实推进”①。作为美丽乡村建设的重要组成部分，农村环境问题能否及时解决，不仅会影响乡村建设的实施效果，还有可能会引发其他严重的社会问题。现代化推动乡村社会向前发展，同时也持续地给农村环境制造压力。乡村振兴新战略的实施，在全面提升农村的经济发展水平和农民收入的同时，应该格外重视环境的治理、污染问题的解决（王晓毅，2018）。环境质量的好坏与环境污染程度密切相关。改革开放以后，安吉县开启了经济发展的高速模式，但高耗能、高排放的生产与消费方式给安吉县的环境质量造成了恶劣影响。1998 年，安吉县因为严重的水污染问题被列为环境整治重点区域。本节将通过环境污染问题的分析，对安吉县从改革开放至生态立县战略前的环境质量进行描述与剖析。

一、“工业强县”战略的提出

党的十一届三中全会提出了以经济建设为中心，实行改革开放的重要战略决策，由此，党的工作重心转移到“四个现代化”上来，在这个过程中环境问题被忽视。环境质量的恶化不仅与经济增长方式、产业结构、居民的消费方式等有关，同时也受到地方政府的竞争及治理的影响。在“唯 GDP 论”的年代，地方政府之间围绕经济发展与财政收入，展开了各种形式的地方竞争，导致地方政府为经济发展采取了粗放型的发

① 《中共中央 国务院关于实施乡村振兴战略的意见》，参见中国政府网：http://www.gov.cn/zhengce/2018-02/04/content_5263807.htm。

展模式。杨海生和陈少凌等人(2008)通过研究发现地方政府之间在环境政策方面存在着相互攀比式的竞争。李猛(2010)也指出了地方政府在环境监管过程中,将放松环境监管作为竞争手段,这是导致我国环境状况恶化的一个主要原因。地方政府为了短期的经济目标,常常倾向于推动周期短、风险低、见效快的“短平快”重工业项目。安吉县是典型的江南丘陵地区,“七山一水二分田”,山地和丘陵就占去了61.5%的面积。在改革开放前很长一段时间内,安吉一直是浙江省20个贫困县之一。在当时的发展条件下,第一产业农业的经济效益有限,而第三产业正处于发育状态,导致发展第二产业工业成为大多数地方政府的优先选择。

改革开放初期,由于历史的、现实的、自然区位等一系列问题,安吉县发展第二产业的基础相对薄弱,导致地方产业收入有限,从而又影响到第一产业、第三产业的发展。当时安吉县周边的县市都在集中力量发展工业,作为远近闻名的贫困县,安吉县自然而然地做出了学浙南、学苏南,走“工业强县”之路的选择。从20世纪80年代中后期开始,安吉县将全县的发展重点投入到工业之中,但安吉县并不具备发展大规模工业所需的交通条件,引进高端高效工业企业的难度很大,往往需要降低土地价格、投资密度等方面的准入门槛。再加上安吉县缺乏发展传统工业的天然优势,产业基础也十分薄弱,因此安吉县当时只能引进和发展一些发达地区淘汰转移的项目,其大部分属于资源消耗型或环境污染型产业,如造纸、化工、建材、印染等污染重、能耗高的项目。在这一时期,安吉县依靠高强度开采和资源消耗,在短时间内极大地拉动了当地的经济发展。在这种粗放型的工业发展模式中,安吉摘掉了贫困县的帽子,并在1997年成功拿到了小康县的牌子。2000年,安吉县实现全年国内生产总值60.06亿元,人均国内生产总值达13 400元①。

二、县域环境的整体恶化

传统工业的发展让安吉县摘掉贫困县帽子的同时,也付出了巨大的环境代价,安吉人民逐渐品尝到了过度消耗资源、污染环境所带来的消极后果。大量工业废水的直接排放,曾经的青山绿水变成了灰山黑水,再加上自然灾害加剧,严重危害了安吉县的生态环境安全。安吉县农村环境的整体恶化,主要表现在工业污染、农业污染与生活污染三个维度。

首先是工业污染。安吉县所引进的产业项目参差不齐,大多数项目在产业链中都处于附加值较低的环节,再加上各个乡镇盲目布局工业项目,导致水土污染严重。在

① 安吉县史志办公室:《安吉年鉴(2001—2002)》,由安吉县统计部门提供。

20世纪八九十年代乡镇企业蓬勃发展的阶段，安吉县各个乡镇上马了多个小型家庭作坊，分散的家庭作坊导致了生态侵蚀的问题。到2001年末，安吉县全县乡镇工业企业数量达到5 472家，其中集体工业企业有97家，个体私营工业企业5 375家，从业人数达到6.77万人；乡镇企业总资产31.43亿元，其中集体4.12亿元，个体私营27.31亿元①。乡镇企业在带动农村经济发展的同时，由于企业自身环保意识淡薄、环保技术落后，造成大量的工业污染问题。空气污染、水污染、土地破坏等一系列的环境问题日益突出，再加上城市污染物向农村转移，由此激化了环境质量与经济发展之间的矛盾。太湖流域有60%的水来自苕溪，苕溪流域有60%的水来自西苕溪，而坐落在安吉县境内西苕溪上游的排污企业每年直接排放大量工业污水进入西苕溪。西苕溪原本清如山泉一样的水质变成了Ⅴ类，下游居民的饮用水告急。工业废水的直接排放，造成西苕溪水质严重污染，生态多样化锐减。1998年，国务院统一部署太湖治理“零点行动”，安吉县被国务院列为太湖水污染治理重点区域，受到“黄牌”警告。

其次是农业污染。当时存在着农药污染、农业浪费和过度使用化肥等问题。以农业种植业为例，当时安吉县的养殖场大多采用传统的圈养养殖方式。牲畜粪便和洗涤水在循环中堆积和流动，随后粪便随意堆积，导致粪便中的有害细菌和化学物质流入河流或地下。此外，由于当时技术条件的限制，养殖场没有设置相应的排水和污水处理设备。农业种植中使用的化肥和农药已经渗透到土壤、水和大气中，对整个生态环境造成了极其严重的破坏。这一时期，大量的化学需氧量的排放导致安吉县水资源中有机物的增加，进一步对水生生物系统造成持续的破坏。竹制品加工是当时安吉县主要的产业之一。安吉县原本是植被丰富、森林覆盖率高达80%以上的山区生态县，但是竹子经济的迅猛发展，对森林资源造成了掠夺性的破坏，截至2001年，安吉县的森林覆盖率下降到69.4%②，许多树木连树枝树苗都被用作原料，对安吉县的水土保持和野生动植物多样性造成了严重的破坏，留下的是“剃了头”的大山、易滑坡的山体。长期无序开垦和放牧等一系列不顾环境的掠夺性经营，导致植被结构的破坏，进而影响生物多样性，形成长期的恶性循环。

最后是生活污染。这里所说的生活污染主要是居民生活排放的污水、生活垃圾和燃料垃圾。随着经济的发展和居民消费水平的提高，生产生活所消耗的产品对农村环境产生了负面影响。当时，大多数村庄普遍缺乏污染处理和垃圾处理技术及设备，大量的生活污水和垃圾直接排入环境系统，这不仅直接破坏了生态环境，而且由此繁殖的

---

① 安吉县史志办公室：《安吉年鉴(2001—2002)》，由安吉县统计部门提供。

② 同上。

蚊子、苍蝇和细菌，直接影响村民的健康。生活垃圾的随处堆放对土壤造成持久、长期的危害，污染物的多年累积也会渗透到土壤深处，影响居民的饮用水质。大量未经处理的生活污水直接排入农田，不仅造成水体富营养化，而且影响水体的环境安全。随着经济条件的改善，农村环境设施得到了改善，但仍然存在污染处理和垃圾处理设备不完善的现实问题。这一时期，绝大多数村庄在实施垃圾集中处理、完成改厕、饮用水集中净化处理等方面仍然存在突出的问题。在乡村发展的过程中，居民日常生活所产生的垃圾不断增加，而村庄大多采取就地填埋的方式。受访村民大多提及村中随处可见乱丢弃垃圾、乱堆乱放的现象。村庄内部也是一派脏乱差的现象，污水到处流，垃圾到处倒，废物到处抛，环境质量的恶化对社会生活所产生的消极影响已经开始显现。

三、环境问题阻碍村庄发展

长期以来，乡村经济发展优先于生态环境保护，在这种发展逻辑下，村庄共同体与自然环境成为两套相互分离的系统，由此引发了垃圾围村、水土污染等一系列的农村环境问题。当村庄在发展中给生态环境系统施加的压力超过了其承载力时，这种压力反过来会影响村庄的稳定发展。在20世纪70年代末、80年代初，乡镇企业崭露头角，安吉县的柳村最早利用石灰渣办起碳化砖头厂，随后利用丰富的石灰石资源创建了村内第一个石矿厂。1986年以后，青山镇大力发展乡镇工业，兴建了4家水泥厂，柳村成了供应石灰石的主要矿产区。柳村拥有大量的石灰石矿山，据说这里石灰石的氧化钙含量达50%～52%，这在浙江省范围来说都可算得上是品质最好的石灰石之一，用柳村的石灰石烧出来的水泥也有质量保障。柳村所产的这些石灰石还供应到湖州市乃至省会杭州等造纸厂和建筑工地及农用。通过充分利用村内的石灰石矿产资源，柳村的集体经济进一步壮大，此外石灰厂、碳化砖厂、加工厂等工业的形成也是在这一时期打下的基础。

就是外地移民他敢为人先，我们这里是移民区，所以他（村干部）总是在动脑筋的，（想着）怎么从温饱走向富裕。他就一直在动脑筋，敢为人先的。所以在80年代、90年代，尤其是在90年代，我们在湖州市（安吉县所属地级市）都是最富裕的村。那个时候我们每天可以达到1万块钱（指村集体企业收入）。这1万块钱不是现在的1万块钱。

（访谈资料：20181127张毅）

当时柳村所在乡镇的镇办企业以水泥厂为主，正好需要大量优质的石灰石。柳村的精英们借助这一资源优势，不仅与乡镇建立了密切的经济联系，也获得了来自县、乡镇力所能及的帮助和扶持，例如税收、土地使用、专项支持项目等。柳村石灰厂的建立不仅让集体经济得到迅速发展，同时，老百姓通过直接在石灰厂上班，或者从事与石灰厂相关的工作，在这个过程中也逐步富裕起来了。在这一时期柳村村民的收入处于稳步提升之中，村民的生活水平也得到显著改善，到1992年村民的人均收入已经达到1 560元(见表4-1)，而当时全国农民的人均收入仅为784元①。

表4-1　1984—1992年柳村总人口及人均收入

年份	总人口数(人)	人均收入(万元)	年份	总人口数(人)	人均收入(万元)
1984	965	0.063	1989	1 003	0.052
1985	971	0.065	1990	1 022	0.099
1986	991	0.095	1991	1 023	0.145
1987	1 004	0.098	1992	1 023	0.156
1988	1 002	0.080			

(注:数据由柳村村志编写小组提供)

1993—2002年，柳村村民扩大石矿开采规模，进一步增加了村集体收入与村民的收入，村集体企业年利润最高的时候曾经达到近300万元(见表4-2)。

表4-2　1993—2000年柳村村办集体企业经济收支情况表　　单位:万元

年份	全年总收入	费用支出			利润
		生产费用	国家税金	费用合计	
1993	611	449.4	36.6	486	125
1994	455	332.6	27	359.6	95.4
1995	885.7	535.9	53	588.9	296.8
1996	598	365.1	35.9	401	197
1997	223	119.6	13.4	133	90
1998	113	48.2	7.8	56	57
1999	223	112.7	13.3	126	97
2000	115	45.5	6.5	52	63

(注:数据由柳村村志编写小组提供)

这一阶段可以说是柳村集体企业最兴旺的时期，同时运行的集体企业就多达7家，种类主要有轧米厂、矿山、砖厂以及鞋厂(见表4-3)，这些产业的存在不仅保障了本村农民增收，甚至还保障了周边村农民的就业。此外，村委主持建造学校教学大楼，开

① 国家统计局编:《中国统计年鉴(1993)》，中国统计出版社1993年版。

通青山镇政府至柳村的道路，重建村庄里拥有悠久历史的寺庙，转型乡村旅游，开启了柳村美丽村庄建设的序幕。柳村村庄的发展达到了前所未有的水平，成为县域范围内有名的首富村。

表 4-3　柳村村办工业情况一览表

起止年份	名称	产品
1960—1995	轧米厂	加工粮食
1977—2004	矿山	石灰石
1994—2004	矿山	石灰石
1998—2004	矿山	石材
1980—2002	砖厂	石灰渣砖头
1977—2002	石灰厂	石灰
1992—1993	鞋厂	鞋子

（资料来源：由柳村村志编写小组提供）

采矿业的快速发展给柳村村民带来了较高的经济收入，同时也造成了严重的环境污染问题。山上的树林在开采过程中遭到毁坏，只剩下裸露的破碎的石头。开采矿石的过程中很多时候需要使用炸药，爆炸产生的巨大能量很容易导致滑坡等地质灾害，也让石矿厂附近的居民苦不堪言，甚至还发生过飞石伤人的事故。柳村的"石头经济"虽然让村民钱包鼓起来了，但也给整个村庄生态环境造成了极其严重的影响。在访谈中经常能够听到村民反映，当时柳村整个村域范围内长年累月都笼罩着一层灰蒙蒙的烟尘，原本绿油油的山竹林变成了土黄色，身居其中的村民甚至都不敢开窗晾衣服。村庄原本平整的马路也被运石灰石的运输车轧成了坑坑洼洼的土泥路。有村民在回忆自己小时候的经历时，也十分感叹当时村庄环境破坏的严重程度已经影响到村民的日常生活了。

当时已经吃够了矿山产业的苦了。村口三个水泥厂，里面三个矿山……你想想看，我家就是住在矿山附近的，就在那最里面。那个时候，经常开矿山的时候，也会一个石头砸到屋顶上面。那个时候我们在竹林里玩，号子一吹，马上就跑了，不跑你就命都没了的，就是鸡蛋那么大的石头马上就飞过来了，就跟战争片一样的……凌晨两点钟之后，你就不要想睡觉了。这个天气这么热，中午不能装石块。第一天晚上用那个炸药把它炸下来，晚上打着灯装矿车。

（访谈资料：20190807 张万）

总体来看，安吉县通过实施工业强县战略，县域经济取得了跨越式发展，但是由于主导产业以低附加值、高污染的产业为主，导致当地的生态环境质量日益恶化。安吉县在这一阶段为了发展经济牺牲环境的做法，在当时的大环境下，也具有一定的典型性。为了取“卵”而杀了“鸡”，只能取得暂时性的发展，这种发展模式如得不到及时纠正，会反过来制约经济社会的长远发展。

第二节
环境治理之路:乡村环境质量的改善过程

环境质量并不会自然而然地变好,经济的快速发展也并不会自动带来环境的改善,最后环境质量的改善还是要落实到人、落实到制度。各级政府的政策引导成为破解环境污染问题的重要突破口。21 世纪初,浙江省立足于全面实现现代化发展目标,开始谋划和部署生态文明建设。2002 年 6 月,中国共产党浙江省第十一次代表大会提出建设“绿色浙江”的战略目标。2003 年 1 月,浙江成为全国第五个生态省建设的试点省。2003 年 5 月,浙江省委、省政府成立“浙江生态省建设工作领导小组”,习近平同志亲自担任组长。同年 6 月,浙江省十届人大常委会第四次会议通过了《关于建设生态省的决定》,同年 7 月,习近平同志在省委十一届四次全会报告中明确提出要进一步发挥“八个优势”、推进“八项举措”(即“八八战略”),其中一个重要方面,就是进一步发挥浙江的生态优势,创建生态省。省级层面对环境治理问题的重视,也让安吉县委、县政府对“工业强县”的发展战略进行了认真反思,迫使安吉县重新梳理发展思路与改善发展方式。面对不断恶化的县域生态环境,安吉县委、县政府痛定思痛,决心改变“工业强县”的发展战略。2001 年,安吉县政府正式提出“生态立县”战略,开启了安吉县环境质量建设的过程。本节主要以安吉县的“生态立县”战略为时间起点,从历时性的角度,将安吉县农村环境质量建设划分为四个不同的阶段,将政治、经济、社会等因素贯穿于各个不同的发展阶段,以完整地呈现安吉县农村环境质量改善的全过程。

一、生态立县战略(2001—2005 年)

安吉县在推动农村环境整治中,十分注重顶层制度设计。2000 年,十二届县人大三次会议作出了《关于实施生态立县——生态经济强县的决议》,确立因地制宜、扬长避短,错位发展,走有安吉特色的发展路子的方针。安吉县充分发挥资源优势、产业优势和区位优势,“大力扶持发展生态工业”“加快发展生态农业”“着力培育生态旅游”“加快建设生态城镇”四大任务,标志着安吉县“生态立县”战略的正式提出。《安吉生态县建设总体规划》也应运而生，生态工业、生态旅游、生态人居和生态乡、镇、村等相关子规划也相继出台。从2001年起，安吉县委、县政府带领全县人民开始探索“生态立县”之路，开启了以“五化一改”为内容的农村环境整治。2003年，在时任浙江省委书记习近平同志提出的“千万工程”指引下，安吉县坚定地实施以“双十村示范、双百村整治”为内容的“两双工程”，以多种形式推进农村环境整治，也是在这一年，安吉县把每年的3月25日定为安吉县的“生态日”。2005年8月15日，时任浙江省委书记习近平同志来安吉县调研并提出了“两山”理念，为安吉县的生态文明建设拨开了迷雾、指明了方向。

安吉县针对农村环境污染企业的整治，做到了放眼大局谋划、着手细微深处。每个治污企业都有一名县级领导作为责任人，并实行一企一策，乡、镇、村办的排污企业一律关闭。安吉全县连续投入财政资金，大刀阔斧对污染企业进行综合治理，重点对74家水污染企业进行强制治理，其中拆除了有30年造纸历史、规模和税利列全县之首的造纸厂的制浆生产线，关停并转多家小造纸厂、小化工企业，对新办企业实行环保一票否决制。安吉县通过制定《安吉县污染整治实施方案》，对突出环境问题实施专项整治，集中整治西苕溪上游黄砂开采，22家机制砂企业进行整改，14家企业列入关闭或搬迁处理①。此外，围绕创建“全国首批生态县”的目标，以生态建设和环境污染整治为重点，大力开展生态乡镇、生态村建设，严肃查处环境违法行为，通过采取“以奖代补”的项目制形式，调动村庄开展村庄环境整治的积极性，启动了村庄环境整治点292个，受益面积达70%。4个乡镇被命名为全国环境优美乡镇，8个乡镇被命名为省级生态乡镇，42个生态村通过县级验收②。全县集镇污水处理项目建设已全部建成并投入使用。53个村实施了农村生活污水处理，42个村已完成了处理工程。全面实施村收集，乡镇中转，县处理生活垃圾处置网络建设，已建成乡镇垃圾中转站19座，农村生活垃圾收集率达68%以上，县城及中心镇生活垃圾无害化处理率达95%以上，生活污水处理率达到82.1%③。安吉县初步形成“户集，村收，乡镇中转，县集中处理”的一条龙农村垃圾处理模式。

这一阶段安吉县举全县之力对县域内生态环境的整治也取得了显著回报，2006年安吉县被授予首个“国家生态县”称号。这一系列关、停、转、迁的“治污”举措几乎牺牲了全县的财政发展，安吉县在GDP上又一次拉大了与周边县区的距离，付出了沉重的

① 安吉县史志办公室：《安吉年鉴(2005—2006)》，由安吉县统计部门提供。
② 同上。
③ 同上。

治理代价，由此，对治污行动怀疑，甚至否定的声音开始出现。安吉县上上下下都真切感受到转变增长方式的阵痛。20 世纪 90 年代的柳村是安吉县最大的石灰岩开采区，靠着石矿和水泥厂的收益一度成为安吉县的富裕村，但却产生了严重的环境污染问题。2004 年，柳村的精英们顶住巨大的压力关停了全部矿山和水泥厂。随后柳村集体收入呈断崖式锐减，无论是村干部还是普通村民都处在转型的阵痛之中，部分村民有事没事就跑到村委会来“闹事”。当时柳村在老书记戴超的带领下虽然“忍痛”作出了关停矿山的决定，但集体企业曾带来的巨大经济收入，无论是村集体还是村民，多多少少还是有所“留恋”的。虽然村里已经关掉了工厂，也制定了明确的旅游发展规划，但那还只是一张图纸，柳村人在心里其实都在担心一个问题，那就是关停矿山、发展旅游业的决定到底是不是正确的。

最后一个矿山是 2005 年关的，那个时候我是书记，压力很大。然后他们（村民）就到村委会来闹，说关停矿山，关停水泥厂，是让他们去喝西北风。我们以前条件这么好，老百姓的收入这么高，后来就是老百姓的收入没了，我们的集体收入也没了。这个我想，真是压力大。那时候老百姓没有活干的时候，那个时候就是非多，有时间就到村里面去吵闹。

（访谈资料：20190809 戴超）

正当村里面临转型的困惑时，2005 年，时任浙江省委书记习近平同志到安吉县考察调研，并对安吉县确立生态立县战略，发展生态旅游经济，走绿色发展之路的做法给予了高度评价，随后他从如何处理好经济发展与环境保护之间的关系出发，论述了“绿水青山就是金山银山”的“两山”理念，并具体从区位优势、生态经济等角度为安吉县的经济发展转型指明了方向。

“两山”理念的提出不仅让柳村人吃了定心丸，坚定了走经济发展与环境保护共赢之路的决心，同时也为村庄的发展转型指明了具体方向。总而言之，在这一阶段的农村环境质量建设的过程中，安吉县主要是依靠政府的制度保障、环保宣传、专项财政投入等手段，将生态环境保护置于优先发展的位置，以此扭转了农村环境质量不断恶化的局面。整个县域范围内，尤其是农村地区的环境污染得到有效控制。

二、美丽乡村建设（2006—2012 年）

2006 年，安吉县确定了“一地四区”的发展战略：“一地”是指通过建设，把安吉县变成最佳创业、最宜人居之地；“四区”分别指的是产业特色集聚区、新农村建设的示范区、休闲经济的先行区以及山区城市的样板区。2007 年，安吉县提出了“奋战五年，再造安吉”，注重发展生态工业，扎实工业基础，为农村家庭手工业的有序推进打下基础。

2008年安吉县正式提出了打造“村村优美、家家创业、处处和谐、人人幸福”的“中国美丽乡村”的建设目标。同年1月，安吉县通过《关于建设“中国美丽乡村”的决议》，此后又研究制定《安吉县建设“中国美丽乡村”行动纲要》，并委托浙江大学编制《安吉县“中国美丽乡村”建设总体规划》，该规划依照“尊重自然美、侧重现代美、注重个性美、构建整体美”的“四美”原则，全县所有的村庄按照工业特色村、高效农业村、休闲产业村、综合发展村以及城市化建设村等不同类型展开建设。在此基础之上，安吉县鼓励乡镇、村(社区)以此规划为指导，因地制宜，依据自然情况、生态特色、村容村貌、乡村文化等差异化的特征，逐村定位，逐村规划。同年，安吉县被列为全国首批生态文明建设试点县。2011年，安吉县以试点旅游改革为契机，将休闲旅游产业与竹产业一并纳入县域经济的支柱型产业，依照城乡同步化建设的战略思路，视整个县城为“大乡村”。2012年，大力实施美丽乡村品牌化战略，加快推进“工业化、城市化和农业现代化”三化同步，着力构建三级立体化经营格局，全面实施“建管联动、景乡联合、经营联网”三大行动，向纵深推进安吉县“中国美丽乡村”建设。

安吉县充分发挥财政杠杆的调节和激励作用，使项目制的优势得到最大化的释放。仅仅在2010年到2012年末，县财政累计投入7 100多万元，用于生态建设和农村环境连片整治，累计完成60个村的整治项目建设①。大量的财政投入，有效地拉动了环境保护的市场需求。尤其是随着环保领域投资体制的改革以及融资渠道的拓展，大量政府、市场资金进入到农村环境保护领域，初步形成了以政府为主导、市场主体充分参与的格局。为改变长期以来山区发展板栗等落叶经济林和茶叶产业所带来的水土流失、水资源污染等现状，安吉县重点开展了生态修复工程。全县生态修复重点区域包括赋石水库和老石坎水库两大库区上游、各旅游景区、主要公路沿线及主要河道航道附近生态功能较差的经济林。其间，安吉县在全县范围内完成10万亩生态修复工程，使水土流失得到有效控制，生态环境与森林景观得到快速恢复。这一阶段安吉县提出的美丽乡村建设，全县创建覆盖面达到89.8%，精品村达到150个，12个乡镇实现全覆盖，美丽乡村建设由安吉县县级层面的发展战略，逐渐成为浙江省省级层面的发展战略②，建成的“美丽乡村”已经涵盖了安吉县四分之三的县域面积。

在这一阶段中，安吉县按照“高技术、高成长、高税收”和“低污染、低能耗、低成本”的“三高三低”的产业发展原则，大力发展生态农业、休闲观光、生物医药、生命养老等绿色产业，全力推进经济转型升级。安吉县做出了非常多的努力来发展休闲产业，利

---

① 安吉县史志办公室:《安吉年鉴(2013)》，由安吉县统计部门提供。

② 资料来源:《安吉县美丽乡村建设主要政策文件汇编》(内部资料)。

用特色农业的观赏和娱乐功能来推动当地的文化和旅游景点的发展等,并不断扩大功能食品、观赏、休闲、娱乐和文化在山区的市场,将山区的农业和生态资源作为资本,成功实现了“一产跨二进三”的跨越发展。安吉县依托山区生态环境的积极外部效应,不断拓展山区的多种功能,以农业和山区资源优势为依托,制定发展规划。在工业经济快速发展的过程中,竹制品加工业是安吉县农村环境污染的重要成因。安吉县针对大范围、大总量的污染治理任务,首先从竹业废水集中收集处理上寻求突破口;其次开始汲取市场技术的力量,积极推进排污权有偿使用,仅在2012年就完成有偿使用和交易企业23家,收取排污权有偿使用和交易费用242万元,累计开展有偿使用和交易企业103家,收取排污权有偿使用和交易费用1 550余万元[①]。此外,安吉县加强了环境监管力度,建立了完善的环保、公安联合执法机制,重点对竹丝染色、塑料粒子加工企业展开了联合执法,并于2012年底完成了全县107家企业环保诚信管理等级评定,首次制定并执行环境违法企业向公众道歉制度[②]。

总而言之,在这一阶段安吉县依靠政府高位推动,农村环境治理的制度体系得到不断完善。市场力量在这期间得以深入进入环境质量的建设过程中,更为关键的是社会力量不断觉醒,并开始积极主动地加入环境保护的行列。安吉县开创了以县城为引领,以集镇为中间体,以村庄为基础的优雅竹城、风情小镇、美丽乡村三级联动推进的立体格局,成为生态文明建设在新农村建设中的生动体现。

三、精品示范村建设(2013年至今)

2013年,按照“布局优、村容靓、生活富、身心美”的要求,安吉县高标准启动了“中国美丽乡村”精品示范村的创建工作,在更高要求上建设更高品位的“中国美丽乡村”。美丽乡村精品示范村项目,主要是在原有的基础上,继续做好村庄环境整治、生活污水处理、公共服务设施建设等工作,拓展长效管理覆盖面,全面改善农村居住环境,促使各项基础设施和公共服务等有计划地向规划保留的未覆盖到的自然村延伸。2014年,安吉县把每月的第四个星期三定为包括“三改一拆”“四边三化”“五水共治”在内的环境综合整治“集中推进日”。2015年初,安吉县正式被农业部确认为“全国美丽乡村建设示范基地”。同年,由安吉县参与起草的《美丽乡村建设指南》也正式发布实施,这意味着安吉县的美丽乡村建设模式在国家层面获得了认可。2016年9月,浙江省委、省政府正式复函,同意安吉县创建“两山”重要思想实践示范县。安吉县在这一阶段以更

---

① 安吉县史志办公室:《安吉年鉴(2013)》,由安吉县统计部门提供。

② 同上。

高的标准推动了农村环境质量建设。

安吉县在美丽乡村建设中，不断激发企业、科研院所、高校的科技创新热情，对企业、科研院所开发节能、节水、节材、环保、资源循环利用、污染治理等技术给予财政补贴。2017 年，安吉县农村常住居民人均可支配收入达到 27 904 元，连续 14 年超全省平均水平；完成农村生活污水治理三年行动任务，全县新增受益农户 42 491 户，工程建设投入 4.3 亿元，农村生活污水处理农户受益率达到 91%，并在全省率先通过招投标方式引进农村生活污水治理第三方运维模式，形成“五位一体”运维管理体系；2017 年底全县行政村实现农村生活垃圾分类全覆盖，并确定为全国第一批农村生活垃圾分类和资源化利用示范县①。安吉县在浙江省范围内较早地启动实施了城乡供水一体化工程，推进饮用水源保护工程建设，完成水源地（长白荡）疏浚工程、绿化工程、取水口自动监测站建设工程等，使得安吉县的水源地水质得到了有效保障。此外，安吉县着力做好生态环境的在线监测、监控、监视等系统建设，建立起覆盖全县的环境监管网络，实现了全县重点污染源 24 小时的实时监控，建成了完备的刷卡排污系统；实施了交接断面水质自动监测站项目，建成 $PM_{2.5}$ 大气复合立体污染监测网络。

安吉县结合“山青水净”三年行动计划制定了《安吉县经济林生态修复实施方案》，把白茶、板栗等经济林纯林生态修复工作任务分解落实到乡镇。多形式、多途径广泛开展宣传活动，通过张贴公告、悬挂宣传横幅、技术培训、示范户典型示范等方式，进一步增强了群众对森林资源保护、打击毁林开垦、实施综合整治重要性的认识，使群众充分认识建设生态茶林的必要性。五个技术指导组对生态修复开展技术指导与服务，以确保生态修复的成效。安吉县的生态修复工程不仅是一个生态项目，而且是一个用项目来发展森林经济和丰富人的过程，这项工程不仅可以给农民带来经济效益和生态修复效益，而且也能够让村民意识到良好的生态效应可以惠及子孙后代。此外，安吉县围绕“清洁化”大力发展生态循环农业，通过物质循环利用减少农业面源污染，走出了一条“优质、高产、高效、生态、安全”的可持续发展道路。截至 2019 年末，安吉县获无公害农产品认证的农产品有 160 个，基地 123 个，面积达 25.51 万亩；获得绿色食品认证的农产品有 73 个，基地面积达 6.32 万亩；1 个农产品获得国家地理标志，认定面积 18 万亩②。总之，在这一时期，安吉县始终围绕“两山”理念，将环境保护与经济发展相融合，让市场机制在农村环境质量建设中发挥越来越重要的作用，社会资本也不断进入农村

① 资源来源：《安吉美丽乡村介绍》（内部资料）。

② 安吉县统计局：《2019 年安吉县国民经济和社会发展统计公报》，参见安吉县人民政府官网：http://www.anji.gov.cn/art/2020/5/29/art_1229518619_3776411.html。

环保领域，初步构建了“谁保护，谁受益”“谁改善，谁得益”“谁贡献大，谁多得益”的调节机制。

综上所述，自 2001 年确立“生态立县”战略以来，安吉县将环境保护与经济发展紧密地联结在一起，始终把资源生态化、生态经济化、经济生态化作为发展的主轴，实现了乡村环境的可持续治理。尽管每个阶段的发展各有其侧重点，但县委、县政府始终坚持把生态作为立县之基、强县之本的思想不动摇，并创造性地贯穿于经济社会发展的全部工作之中。安吉县在常态化推进农村环境质量建设的过程中，政府成为环保的监管主体，企业成为环保治理的主体，社会大众成为最主要的监督主体，呈现出一个由地方政府推动，由市场、社会多元主体参与的共建共治模式。

第三节
环境治理之效:乡村环境质量的全面提升

2005 年 8 月 15 日,时任浙江省委书记习近平同志在安吉县调研时提出了“绿水青山就是金山银山”的发展理念,深刻揭示了经济发展和环境保护的关系,坚定了安吉县走“生态立县”发展之路的决心。2008 年,安吉县以“两山”理念为指引,开始实施以“中国美丽乡村”为载体的生态文明建设。通过长达 20 年的环境治理实践,尤其是美丽乡村建设,安吉县的环境质量得到了显著提高。如前文所述,当一些地方把乡村振兴仅仅看作一项硬性任务的时候,安吉县通过以美丽乡村建设为推手,推进城市基础设施向农村延伸、公共服务向农村倾斜、社会保障向农村覆盖、现代文明向农村普及,最终走出了一条经济发展与环境保护共赢以及城乡融合的协调发展之路。分析一个地区环境质量的好坏,一方面取决于人们对环境质量好坏程度的最直观的体会,另一方面也要观察环境是否利于经济社会的发展。安吉县始终将环境质量建设作为推进美丽乡村建设的重要着力点,以此走出了一条生态与经济、农村与城市、农民与市民、农业与非农产业互促共进的发展道路。本节将利用现有的统计数据,重点从生态环境、生产环境以及生活环境三个维度对安吉县环境质量建设所取得的成效展开描述与分析。

一、生态环境

乡村环境质量是指影响农户生存与发展的生态资源的数量与质量。针对生态环境水平的测量主要选取空气质量、水源质量以及森林覆盖率三个指标。安吉县从防治大气污染、改善水土流失、遏制面源污染等多领域多方位统筹环境质量建设,持续巩固生态文明特色优势。为了能够实时监测生态环境质量,安吉县成立了环境监测站。截至 2019 年底,监测站拥有监测人员 19 人,拥有各类大中型仪器近 80 台(套)[①]。安吉

① 安吉县生态环境局:《2019 年安吉县环境质量报告书》,参见安吉县人民政府官网:http://www.anji.gov.cn/art/2020/4/15/art_1229518630_3763973.html。

县建立两个省控城区空气自动站(科技馆站和城东站),用于24小时连续监测。安吉县城区的环境空气质量监测项目有二氧化硫(SO_2)、二氧化氮(NO_2)、可吸入颗粒物(PM_{10})、细颗粒物($PM_{2.5}$)、臭氧(O_3)、一氧化碳(CO)、气象五参数。监测点位、监测项目及监测方法情况见表4-4。

表4-4 2019年安吉县环境空气质量监测情况

监测点位	监测项目	监测方式	监测频次
安吉科技馆站	SO_2、NO_2、PM_{10}、$PM_{2.5}$、CO、O_3	自动监测	连续自动
安吉城东站	SO_2、NO_2、PM_{10}、$PM_{2.5}$、CO、O_3	自动监测	连续自动

(资源来源:《2019年安吉县环境质量报告书》)

2019年,安吉县$PM_{2.5}$年平均浓度为33 $\mu g/m^3$,符合空气质量二级标准,全年共监测有效数据364个,达标率为98.6%;PM_{10}年平均浓度为52 $\mu g/m^3$,符合二级标准,全年共监测有效数据364个,达标率为99.5%。NO_2年平均浓度为27 $\mu g/m^3$,符合二级标准,全年共监测有效数据365个,达标率为100%;SO_2年平均浓度为6 $\mu g/m^3$,符合二级标准,达标率为100%;CO 24小时平均第95百分位数浓度为1.1 mg/m^3,符合二级标准,达标率为100%;O_3最大8小时滑动平均第90百分位数浓度为167 $\mu g/m^3$,不符合二级标准,达标率为88.5%①。在监测的主要指标中,仅有O_3未能达到二级标准。环境空气质量优良天数共计315天,占全年总监测天数的86.5%,比2018年下降3.9个百分点②,具体见表4-5、4-6。综合已有数据来看,安吉县的空气环境质量已达到优异水平。

表4-5 2019年安吉县环境空气监测数据年度统计结果

监测项目	有效监测天数(天)	浓度范围	年均值	超标率(%)
$PM_{2.5}$($\mu g/m^3$)	364	2~110	33	1.4
PM_{10}($\mu g/m^3$)	364	4~188	52	0.5
NO_2($\mu g/m^3$)	365	3~62	27	0
SO_2($\mu g/m^3$)	365	3~12	6	0
CO(mg/m^3)	365	0.3~1.6	1.1	0
O_3($\mu g/m^3$)	365	6~220	167	11.5

注:CO的年评价项目为24小时平均第95百分位数;O_3的年评价项目为最大8小时平均第90百分位数。参考标准《环境空气质量评价技术规范(试行)》(HJ663-2013)。

(资源来源:《2019年安吉县环境质量报告书》)

① 安吉县生态环境局:《2019年安吉县环境质量报告书》,参见安吉县人民政府官网:http://www.anji.gov.cn/art/2020/4/15/art_1229518630_3763973.html。

② 同上。

表 4-6　2018—2019 年安吉县环境空气质量指数类别天数及占比

年份	空气质量指数类别	优	良	轻度污染	中度污染	重度污染	严重污染
2018 年	天数	143	187	34	1	0	0
	占比	39.2%	51.2%	9.3%	0.3%	0%	0%
2019 年	天数	105	210	48	1	0	0
	占比	28.8%	57.7%	13.2%	0.3%	0%	0%

（资料来源：《2019 年安吉县环境质量报告书》）

在水环境监测方面，是对安吉县境内西苕溪干流及各支流，以及主要的水库（饮用水源地）进行地表水常规监测。2019 年，安吉县共设 28 个点位，其中：国控、省控监测断面每月采样监测一次，全年共 12 次；市控、县控部分监测断面逢单月采样监测一次，全年 6 次；县控其余断面 1 月和 7 月各采样一次，全年 2 次。安吉县全年地表水、水库单月监测，饮用水源地、省控断面、出境水每月监测，共获监测数据 3 500 余个。监测站所提供的数据显示：2019 年全县 24 个地表水监测断面中，符合Ⅰ类水标准的监测断面为 4 个，占监测断面总数的 16.7%；符合Ⅱ类水标准的监测断面为 19 个，占监测断面总数的 79.1%；符合Ⅲ类水标准的监测断面为 1 个，占监测断面总数的 4.2%；其中达到水域功能要求的监测断面有 24 个，达标率为 100%[①]，具体见图 4-1。

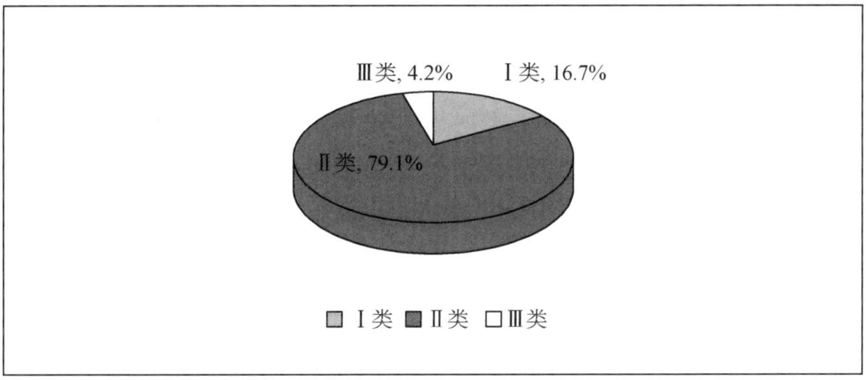

图 4-1　2019 年安吉县断面水质类别比例

（资料来源：《2019 年安吉县环境质量报告书》）

安吉县水库共设 5 个监测点位，赋石水库、老石坎水库、凤凰水库、大河口水库和天子岗水库各设 1 个。赋石水库水质属Ⅰ类，达到水域功能区（Ⅱ类）的要求；老石坎

① 安吉县生态环境局：《2019 年安吉县环境质量报告书》，参见安吉县人民政府官网：http://www.anji.gov.cn/art/2020/4/15/art_1229518630_3763973.html。

水库水质属Ⅰ类，达到水域功能区（Ⅱ类）的要求；凤凰水库水质属Ⅰ类，达到水域功能区（Ⅱ类）的要求；大河口水库水质属Ⅱ类，达到水域功能区（Ⅱ类）的要求；天子岗水库水质属Ⅱ类，达到水域功能区（Ⅱ类）的要求。安吉县主要水库水质质量良好。

表 4-7　2019 年安吉县水库水综合营养指数评价表

水库	年均值						
	叶绿素 a（mg/m^3）	总磷（mg/L）	总氮（mg/L）	透明度（m）	高锰酸盐指数（mg/L）	综合营养指数	营养状况
赋石水库	6	0.02	1.22	1.6	2.0	39.3	中营养
老石坎水库	5	0.01	1.12	1.6	1.8	35.9	中营养
凤凰水库	6	0.01	1.62	1.7	1.8	37.3	中营养
天子岗水库	5	0.02	1.31	1.8	2.5	39.6	中营养
大河口水库	6	0.02	1.26	1.8	2.4	39.9	中营养

（资料来源：《2019 年安吉县环境质量报告书》）

水库总磷、总氮浓度与 2018 年相比基本持平。赋石水库、老石坎水库、凤凰水库、大河口水库、天子岗水库综合营养状态指数均为中营养。2019 年安吉县六大饮用水源地（赋石饮用水源、老石坎饮用水源、晓墅水厂饮用水源、天子岗水库饮用水源、凤凰水库饮用水源、大河口水库饮用水源）均达到了Ⅲ类的饮用水源地功能要求①。

为全面实施“五年绿化平原水乡，十年建设森林浙江”的宏伟目标，安吉县积极探索“绿水青山就是金山银山”的现代林业发展路子，进一步加强林业资源保护，先后实施了重点防护林工程、阔叶化改造工程、森林抚育工程、纯林生态修复、四边绿化等一批重点林业生态工程，大力开展全民义务植树活动。全县累计完成绿化造林 38 026 亩，其中人工造林 34 030 亩，迹地更新造林 3 996 亩；完成阔叶林发展工程 2.1 万亩，建成生物防护林带 22 公里，四旁植树 102 万株；完成重点防护林建设 74 899 亩，平原绿化 34 030 亩、封山育林 40 869 亩；完成森林抚育 16.1 万亩，有效促进森林结构的改善和森林质量的提高②。从图 4-2 的林地分布情况看，县域西部、南部和东部群山环绕、森林密布。

安吉县位于中亚热带常绿阔叶林北部亚地带，生物种属南北兼蓄，种类繁多，随境内山地垂直分布，结构多层，赋予植物生长的多宜性。总体来说，安吉县森林资源丰富，主要类型包括针叶林、阔叶林、混交林、经济林和竹林 5 种，其中竹林面积最大，位居

① 安吉县生态环境局：《2019 年安吉县环境质量报告书》，参见安吉县人民政府官网：http://www.anji.gov.cn/art/2020/4/15/art_1229518630_3763973.html。

② 同上。

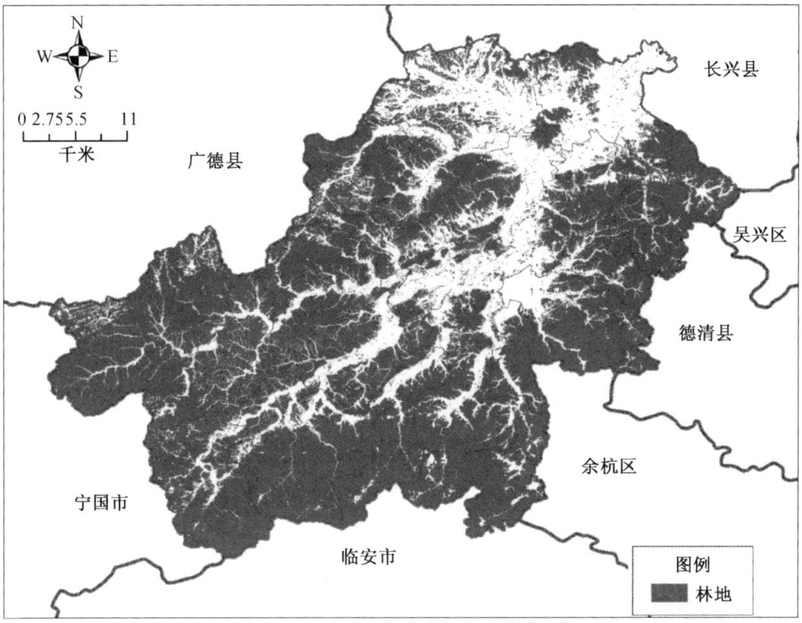

图 4-2　安吉县林地分布图

（资料来源：《2019 年安吉县环境质量报告书》）

全国 30 个“中国竹乡”综合排名之首，素有“中国竹子看浙江，浙江竹子看安吉”之说。

二、生产环境

乡村生产环境是指乡村产业发展、产业结构、产业发展投入的总称。生产环境压力主要是评估美丽乡村建设过程中人类社会生活生产对生态环境的压力，主要包括常住人口人均生活用水量、单位 GDP 能耗、人均工业废水排放量、人均工业废气排放量等指标。

在招商引资方面，安吉县对不符合国家和地方产业政策、高耗能、高污染、资源型的建设项目一律实行否决。与此同时，着重进行对重点污染行业如电镀、水泥、造纸、化工、印染、制扇等行业的专项治理，仅 2018 年就投入 9 858 万元用于工业污染治理投资①。安吉县对西苕溪沿线 82 家企业建立一企一档，落实一企一策，实施排污企业关停、搬迁、整治提升等综合治理；完成天子湖镇、梅溪镇、县城、城北四大污水治理厂扩建，确保乡镇污水治理站正常运行；实施雨污分流与截污纳管工程，完成西苕溪开发区段、老梅溪集镇生活污水管网铺设纳管工作，大幅度提高城镇污水收集率和污水治理

① 湖州市统计局：《2019 湖州统计年鉴》(2018 年数据)，参见湖州市统计局官网：http://tjj.huzhou.gov.cn/art/2019/12/6/art_1229208257_54632345.html。

厂负荷水平。安吉县2019年化学需氧量(COD)排放量为2 392吨,其中工业排放716吨,农业排放1吨,1 674吨为城镇生活污水排放①。此外,2019年度的监测报告显示,2019年安吉县工业取水量为1 661.7万吨,废水治理设施116套,处理能力为11.68万吨/日,运行费用为6 419.22万元②。

二氧化硫是主要污染物之一,因此减少单位GDP二氧化硫的排放量是生态经济的必然要求。安吉县将工业余能利用于工程建设、居民生活"煤改气"工程和太阳能的使用推广等各个方面,逐步降低煤炭在农村能源结构中的比重,提高清洁能源的比重。根据《湖州统计年鉴》的数据,2019年安吉县二氧化硫排放量为2 130吨,其中2 122吨为工业排放;安吉县2019年综合能耗(等价值)为89.96万吨煤,与周边的长兴县(361.65万吨煤)、德清县(145.04万吨煤)相比,安吉县的能源消耗量显然更低③。根据安吉县255家重点企业的环境统计结果,2019年安吉县工业煤炭消耗量为47.55万吨,其中燃料煤26.51万吨,原料煤21.04万吨;工业废气排放总量为113.33亿标立方米,工业二氧化硫排放总量2 121.7吨,氮氧化物排放总量2 788.17吨,工业烟(粉)尘排放量为1 719.35吨④。万元GDP能耗代表着社会经济发展的清洁程度,从一定意义上来说,单位GDP能耗能代表产业结构的变化和科技水平的提高,单位GDP能耗越低,说明GDP的绿色化更好。安吉县单位GDP的能耗从2010年的0.49吨标准煤/万元,下降到2019年的0.34吨标准煤/万元。单位GDP能耗降低率也处于不断下降的过程中,2019年的降幅达到5.1%。单位工业增加值能耗降低率总体也处在降低的过程中,2019年降幅为12.3%⑤。

表4-8　安吉县2010—2019年单位GDP能耗

年份＼指标	单位GDP能耗(吨标准煤/万元)	单位GDP能耗降低率(%)	单位GDP电耗降低率(%)	单位工业增加值能耗降低率(%)
2010	0.49			
2011	0.48	2.7	−4.6	5.6
2012	0.46	3.8	−1.3	8.1

① 湖州市统计局:《2020湖州统计年鉴》(2019年数据),参见湖州市统计局官网:http://tjj.huzhou.gov.cn/art/2020/10/23/art_1229208257_58869543.html。

② 安吉县生态环境局:《2019年安吉县环境质量报告书》,参见安吉县人民政府官网:http://www.anji.gov.cn/art/2020/4/15/art_1229518630_3763973.html。

③ 同①。

④ 同②。

⑤ 同①。

续表

年份＼指标	单位 GDP 能耗（吨标准煤/万元）	单位 GDP 能耗降低率（%）	单位 GDP 电耗降低率（%）	单位工业增加值能耗降低率（%）
2013	0.44	2.8	−1.3	9.1
2014	0.42	5.0	6.7	8.3
2015	0.42	0.5	0.2	−3.9
2016	0.39	0.5	−5.8	−8.1
2017	0.40	−1.5	−8.4	1.8
2018	0.39	3.9	−6.1	7.3
2019	0.34	5.1	0.8	12.3

注：①表中能耗均为等价值，若降低率为负数，说明本期的指标值与上年同期相比没有降低，反而上升。②单位工业增加值能耗的统计范围是规模以上工业法人企业；③“十二五”期间，按国家规定，GDP 按 2010 年价格计算；2016 年开始，GDP 按 2015 年价格计算。

（资料来源：《2020 湖州统计年鉴》）

安吉县坚持绿色生态、产业融合发展导向，大力发展生态农业、生态工业、生态旅游业，初步形成了符合县域实际的生态产业体系。安吉县目前以竹业、茶业两大传统产业为重点，同时积极发展与农业相关的生物医疗、新材料、新能源等战略性新兴产业。

三、生活环境

乡村生活环境是指乡村居民收入、居住条件、基础设施建设与公共服务水平的总称。安吉县推行农村生活污水治理物业化管理，建立三级网络平台试点，实现了农村生活污水处理的全覆盖。安吉县农村生活污水处理形式多样，技术不断推陈出新。以杨村为例，杨村把生态文明理念融入水资源开发、利用、治理、配置、节约、保护的各方面以及水利规划、建设、管理的各环节。从 2005 年开始，杨村作为首批农村生活污水处理试点，按《农村生活污水处理技术规范》(DB 33/T 868-2012)、《村庄污水处理设施技术规程》(CJJ/T 163-2011)积极探索实践第一代人工生态湿地污水处理，成为农村开展生活污水处理的典范。之后，杨村多次改进提升污水处理方式，由人工湿地一代处理技术向二代、三代处理技术转型。2011 年，杨村利用农村环境连片整治项目，投入 200 余万元新增太阳能驱动、PEZ 高效处理、MSL 多介质污水处理三个新型生活污水处理系统，实现了农村生活污水处理跨越式发展。

此外，为了确保村内河道和山塘水清，无异味，补水措施及时合理，杨村投入大量资金用于水环境优美村创建(具体见表 4-9)。杨村积极筹建水工程管护领导小组，落实各项管护制度，落实山林管护人员 2 名，严格落实山林管护和河道的整洁；明确责任与管护经费，成效明显；同时设置水文化宣传标识牌，积极开展水文化宣传教育活动，把护水宣传知识作为墙体画主题。通过农民信箱、会议、入户发放宣传册等方式加强对村民水法、水规的培训和贯彻实施，将禁止电、毒、炸等捕鱼行为纳入村规民约内容，切实提高水工程管护能力。

杨村以非工程性的生态系统修复为主要手段，采用“岸边、水底、水面”的立体修复的思维，实施兼具生态效益、景观效益的生态池塘[①]。村庄通过优化水资源配置、实施水生态综合治理、完善水生态保护格局，为经济社会可持续发展提供更加可靠的水利基础支撑和生态安全保障。

表 4-9　杨村水环境优美村创建涉水项目建设情况表

序号	项目类别	项目名称	工程主要内容
1	河道方面	锦华路沿线街清淤及河段挡墙修复	拓宽河道间的距离，削减和控制洪水，加高洪水位，预防河道两岸被淹没
2	水渠改造方面	王家村东侧排水渠道及箱涵建设	2015 年建设杨村王家村东侧排水渠道及箱涵，全长 300 米，以缓解洪水暴雨对小区的压力
3	排涝方面	张家自然村头坝渠道修复	张家自然村内涝渠道位置过高，雨量大时常漫水，2015 年投入 500 万元，进行 570 米长的渠道抢修工作
4	饮用水方面	李家自来水工程	投入 50 万元安装李家自然村自来水
		刘家自然村部分地方饮用水水压不稳问题解决	解决刘家自然村部分地方饮用水水压不稳问题
5	水环境建设	李家自然村生活污水处理	通过“五水共治”，对李家自然村集中污水纳管处理
		王家村小区生活污水处理	通过“五水共治”，对王家村集中污水纳管处理
		刘家、张家自然村污水处理工程	投入 250 万元对外来人口密集的两个自然村进行污水处理
		李家自然村入口观光水塘修复及净化	对李家自然村入口景观水塘进行修复和水质净化
		里外塘加固工程	2015 年杨村结合“五水共治”，实施对山塘（外塘口）景观整治和山塘的除险加固工程，项目包括坝顶的平整及硬化、改建溢洪道、拆迁坝下防水设施、新建贴坡式排水体等，总投入 90 万元
		生活污水处理系统修复	2015 年投入 27 万元将中心村 MSL 集中式污水处理池和 PEZ 集中式污水处理池管网破损渗漏进行了修复

① 资料来源：《安吉县绿水街道杨村水环境优美村创建验收自查汇报材料》（内部资料），2015 年 12 月。

续表

序号	项目类别	项目名称	工程主要内容
6	水系建设	锦华路沿线头坝渠道清淤及部分河段挡墙修复	对锦华路沿线头坝渠道进行清淤，相关警示标志维护更新，并对河道护墩进行维修
		锦华路入口盖板涵及景观建设	锦华路杨村进口处盖板涵及景观建设，总投入 40 万元
7	水土保持	实行全面封山育林	
8	水工程管护	宣传	设立水文化宣传标识牌、宣传围墙等
		李家自然村太阳能改造	2015 年为提升村庄景观水平，投入 80 余万元对李家自然村进行太阳能改造

（注：资料由杨村村委会提供）

《2019 年安吉县国民经济和社会发展统计公报》显示[①]，安吉县农村生活垃圾无害化处理率达 100%。按照"群众受益全面、实施覆盖到位、处理运行常态、减量效果明显、资源利用循环"的要求，做到农村垃圾"应收尽收、应分尽分、应用尽用、日产日清"。可回收物资由农户自主分拣投放，而农户未完成分拣的部分，由在乡镇垃圾中转站的环卫人员分拣；偏远散户产生的餐厨垃圾由农户自主分类作无害化处理，相对集中居住农户的餐厨垃圾由农户定时定点投放，由村或乡镇集中处理。杨村参照《生活垃圾分类标志》(GB/T 19095-2008)、《杨村农村生产、生活垃圾收集、清运工作管理制度》(DPHSW 90-2012)等完成了全村 90%以上农户生活垃圾的分类处理。杨村积极开展生活垃圾分类处理工作，举办培训班 2 期 300 余人，发放宣传手册 420 份，发放垃圾分类倡议书 1 200 余份。实施垃圾分类以来，杨村制定垃圾分类实施方案和工作计划，对专门定制的垃圾分类桶和垃圾袋进行编号和门牌号对应，实时掌握各户垃圾分类情况。杨村共发放垃圾桶 738 个、垃圾袋3 690 个，除去将要拆迁的自然村，其余全部实行垃圾分类，覆盖率达 80%。

村庄内部部分居住社区，已采用垃圾智能分类技术(见图 4-3)。结合物联网技术、专业化外观设计开发的垃圾智能分类投放终端设备，不仅搭载垃圾分类综合服务软件，以简洁易懂的人机交互界面方便用户进行垃圾分类投放，同时还携带多种社区服务功能(如天气预报、娱乐广播、广告投放等)。垃圾分类设备安装后，社区居民按"一户一卡"登记办理垃圾分类智能卡，通过智能交互软件实现垃圾分类登记，分类信息传输给中心控制平台，对分类活跃度较高的用户给予物质奖励，调动居民垃圾分类积极性。

---

① 安吉县统计局：《2019 年安吉县国民经济和社会发展统计公报》，参见安吉县人民政府官网：http://www.anji.gov.cn/art/2020/5/29/art_1229518619_3776411.html。

图 4-3 杨村的垃圾智能分类投放终端设备[①]

根据 2019 年的最新数据，全县累计建成“中国美丽乡村”187 个，其中精品示范村 55 个、精品村 122 个、重点村 8 个、特色村 2 个，完成乡村经营示范村创建 15 个；15 个乡镇“美丽乡村”全覆盖，全县“美丽乡村”创建覆盖率达 100%。全县完成农村公路提升改造 84.1 公里，建成农村联网公路 26.61 公里，完成农村公路大中修 65.89 公里，实施农村公路安保工程 14.21 公里。2019 年全县农村饮用水达标提标项目共 11 个，其中省级提升项目 9 个，受益人口 1.95 万人[②]。

基层政府从事社会工程的努力不是在真空中进行的，而是与地方性社会有广泛的互动。在美丽乡村建设之前，农民对于“保护环境”的意识相对薄弱，“不乱倒垃圾”成为一种需要制度强制约束的行为，村民们并没有真正参与到美丽乡村建设中。近几年，随着农村经济的快速发展，物质条件的不断改善，农民的精神面貌也发生了根本变化。在实践中，社会不是在被动地“被治理”，而是以自己的逻辑参与到美丽乡村的建设中。为了实现村民自治，杨村采取了由村民委员会促进相关政策的实行和环境卫生的维护的措施。当前，杨村的村民自觉地改变了“乱倒垃圾、乱排污水”的不良习惯，“垃圾入箱，污水清洁排放”已成为村民共同遵守的村规民约，自觉地维护村庄环境卫生，搞好家庭清洁卫生，种树栽花已成为村民生活时尚。

---

① 图片来源：课题组成员拍摄。

② 安吉县统计局：《2019 年安吉县国民经济和社会发展统计公报》，参见安吉县人民政府官网：http://www.anji.gov.cn/art/2020/5/29/art_1229518619_3776411.html。

第五章 美丽乡村建设的全方位统筹

无论哪种开发模式，如果想要保持一定的稳定性或可持续性，都依赖于系统协调。全面发展的概念最初强调的是在某些系统中，在尊重的基础上进行客观系统的操作规程，由此建立相应的协调机制，从而使每个系统相互关联。因此，系统本身可以在最优条件下协同发展。美丽乡村建设作为一项涉及农业的系统性、全局性的战略工作，不能只局限于一个方面，而应统筹考虑。“国家、市场与社会三大主体的关系结构既在彼此互动中形成，又在相互作用的过程中不断优化，社区内部空间状况集中表现了国家、市场和社会在社区建设过程中的互动过程，而这一状况的最优化选择需要三大主体功能的优化配置和合理调整”（郑杭生 等，2015）。简言之，统筹发展就是实现整体与部分共同优化发展的过程。

美丽乡村建设作为促进农村发展的一种新模式，首先根据当前农村发展的客观阶段和实际情况，考虑政治、经济、社会、环境等系统的协调，特别是建设规划与内容的适应性和系统性。统筹发展为美丽乡村建设提供了整体性、综合性乃至内生性的全面支撑。乡村振兴战略提出了产业兴旺、生态宜居、乡风文明、治理有效、生活富裕的总体要求，这些要求正是对统筹发展的系统的反映，涉及经济、环境、文化、政治四个大的系统。从这个角度而言，地方建设其实是一个系统工程，既要经济发展，又要环境保护，又要基层治理有序，还要讲传统文化的传承和创新。所谓统筹，大的方面就是把经济、政治（基层治理）、文化、社会统筹起来考虑，只有这样才能形成良性运行和协调发展，这也是促进环境与社会协调的重要基础。只有用统筹发展的理念，注重培育村庄的内生性，才能让村庄在面临外部挑战的时候，充分利用内生性来适应外部不断变化的环境。由此可以看出，处理好这些系统之间的关系，正是实现美丽乡村建设的核心要求。

本章重点是分析安吉县在美丽乡村建设过程中如何统筹协调经济发展、民生改善、基层治理与文化建设，进而保持和促进社会有机体各个子系统的健康以及彼此的良性互动。

第一节
统筹发展中的经济建设

美丽乡村建设离不开经济发展的支撑。在现代化过程中,生产力和生产关系共同构成了社会发展中的核心经济要素,这种经济要素是决定复杂的乡村系统发展水平的关键。从乡村发展变迁的过程来看,改革开放后,随着外部政府、市场等力量的不断深入,村庄与外部的联系也日益密切,让很多之前难以解决的问题都可以在经济发展过程中得到有效解决。在美丽乡村建设中,经济发展是重中之重,尤其是经济系统对社会发展、基层治理等方面有着很强的关联性影响。无论是新农村建设、美丽乡村建设还是现在的乡村振兴战略,都能看到经济发展对于乡村整体发展的关键作用。进一步而言,乡村经济发展关乎社会主义现代化建设目标的实现,这不仅仅是乡村振兴的重要内容,同时也是保持社会和谐稳定的内在要求。美丽乡村建设的顺利实施,要求经济必须保持向前发展的水平,唯有如此,才能更好地为乡村社会发展、环境质量建设、基层治理乃至文化传承与创新提供良好的物质基础。乡村振兴战略的五点总体要求中,产业兴旺、生活富裕均指向了经济层面。安吉县在推动美丽乡村建设的进程中,正是通过将经济发展作为主要推手,进而为村庄的内生发展赋能。本节内容将首先明确经济发展在美丽乡村建设中的关键位置,同时介绍安吉县推动乡村经济发展的主要措施,进而明确经济发展与其他系统之间的协调关系。

一、美丽乡村建设中的经济发展

环境与经济是一个相互关联、相互作用、相互制约的动态复杂开放系统,因此美丽乡村建设中如何发展经济,发展一种什么样的经济便成为一个急需解决的问题。在农村研究中,经济发展被认为能够提升村民的环境意识与行为(聂伟,2014),同时还能为环境治理提供经济支持。经济发展有助于提高基层治理的效率(桂华,2018),还能推动文化传承与创新(郑向群 等,2015)等。简言之,经济发展成为事关美丽乡村建设系统工程的关键维度。

首先,经济发展为环境保护提供物质前提。在农村环境治理的过程中,无论是生活垃圾治理,还是污水治理等,都需要投入大量的人力、物力、财力与技术,这些投入的背后都需要以经济发展水平作为支撑。只有当一个地区或一个村庄具备一定的经济条件,才能为环境治理提供所需的物质条件。改革开放以来,农村经济取得了突飞猛进的增长,这就为解决农村严重的环境问题创造了必要条件。经济发展与环境保护之间的关系,在国内外已有研究中,已经得到了详细的分析,认为经济发展与环境保护之间存在密切的相互作用关系(曹光辉 等,2006;宋马林 等,2013)。美丽乡村建设旨在寻求经济发展与环境保护的和谐共进,习近平同志提出的“绿水青山就是金山银山”的理念就为经济发展与环境保护之间的关系明确了演进路径。绿水青山与金山银山并不互斥,相反,只有农村经济的可持续发展才能更好地让乡村成为一个“留得住乡愁”的地方。天蓝、地绿、水清的美丽乡村,也能让村庄的经济实现可持续发展。发展经济尤其是农村集体经济,有助于提升村民的公共意识,进而为其参加公共领域的环境保护创造条件。在农产品的生产过程中,有经济条件的支持,也有助于对生产各个环节进行监测和控制,以减少生产对环境所造成的污染。此外,在农村基础设施建设方面,垃圾处理、污水处理等设施建设也需要有稳定的经济来源。

其次,经济发展是推动社会发展与文化创新的关键。村庄的整体文化是共同体长期生活习俗、思维观念和行为方式的累积,而这其中的经济因素也是文化传承与创新的物质基础。一个地区或者村庄的文化不仅能够很好地反映出村民的思想观念、综合素质、邻里关系等,还是村庄民风与村民家风的综合体现。改革开放以后,外部因素在牵引着村庄的发展,村庄正面临着新旧社会结构的调整,村民的文化价值观念也处于转型的阶段,在这个过程中,普遍出现了道德滑坡、价值观念错位等一系列社会文化问题,与此同时,传统的封建迷信之风仍然在农村盛行。这些问题都极大地影响了农村社会文化建设。从某种程度上来说,这些问题也都是物质基础依然不够牢固在精神层面的表现。当前村民普遍存在集体意识淡薄的情况,这在很大程度上也是受到了家庭联产承包责任制的影响,尤其是集体经济的强弱,将会影响村民的集体观念与集体责任感。经济实力比较强的村庄,往往能够投入更多的资源用于文化建设,尤其是能够为村民提供更多种类的精神文化产品。集体经济发达的村庄,还能借由集体经济组织培育村民的集体责任感,营造文明乡风、良好家风和淳朴民风。

最后,经济发展是推动基层治理的有效途径。在不同的发展阶段,随着经济、社会发展形势的不断变化,我国分别推行了不同的乡村治理模式。当前以村民自治制度为代表的乡村治理模式,在一定程度上凸显了党和国家高度重视人民群众的首创精神。通过制度的规范与约束能够确保村民直接行使法律所赋予的权利,但由于现阶段我国仍以小农经营为主，村民之间的联系较为松散。在村民自治过程中，许多村庄由于缺乏经济激励，导致村民参与公共事务的积极性不高。再加上城乡之间巨大的经济差距，农村的年轻人离开家乡去寻求更高的收入，村庄里大多是留守老人、妇女及儿童，导致治理人才匮乏，进而影响村民自治的实施效果。农村经济的发展有助于重新吸引各类人才的回流，让更多人愿意为自己的村庄建设贡献一份自己的力量，进而为基层治理奠定基础。经济要素的流动也能吸引更多的资金、技术、教育、医疗等资源向农村倾斜。有了经济基础的支撑，村庄能够增强为村民服务的能力，这样有助于将村庄组织起来，同时还能更好地扩宽村民参与公共事务治理的途径。在村庄内部分化加剧、乡村治理出现内卷化问题的情况下，强大的经济实力有助于村庄重新激活社区的内部发展动力，尤其是推动经济组织运作机制和集体经济的发展方式的变革。治理有效与生活富裕并不矛盾，相反，产业兴旺、生活富裕能够在一定程度上提升村庄的组织化、专业化和规模化水平，进而推动"治理有效"目标的实现。总之，经济发展在美丽乡村建设中起到事关全局的关键作用。

二、推动经济发展的主要措施

1. 产业结构调整

安吉县结合美丽乡村建设要求，根据县域的实际情况，优化了全县的产品结构、产业结构和区域布局。在第一产业方面，重点发展生态农业，立足于安吉县的地形地貌、自然资源和农业发展基础，先后编制完成了《安吉高效生态农业发展规划》《安吉休闲农业与乡村旅游发展规划》等规划。安吉县将全县划分为西苕溪源头区、中部丘陵区、平原土斗区三大生态功能区，培育安吉白茶、笋竹、特色蚕桑、生态畜禽、特种水产等八大优势产业，形成区域化布局、专业化生产、产业化经营、标准化管理的资源节约和环境友好的生态循环农业产业体系。在调整农业产业布局的基础上，进一步加强对耕地特别是基本农田的保护，禁止在基本农田挖塘养鱼、植树造林，提高了当地的农业综合能力。在基础设施建设方面，安吉县完善农田基础设施，加强排灌渠系、小型蓄水和灌溉设施等基础设施建设，重点开展标准农田质量改善工程。在生产技术方面，安吉县积极鼓励科技人员深入第一线，广泛开展技术推广、技术培训和技术咨询，培养了一批懂技术、会经营、会管理的新型农民。除此之外，加快农业信息化建设，建立健全县、乡、村"三位一体"农业公共服务体系与农业科技信息网络。除了积极争取金融输入"农业、农村和农民"，整合各类基金用于现代农业园区建设，安吉县还探索建立多元化、多渠道农业投资机制，主要涵盖了国外资本、民间资本以及其他社会资本等主体。

安吉县充分把握发展战略性新兴产业的重大机遇，为发展生态产业奠定了坚实基础。安吉县从道路、供电、供水、排污等基础设施建设入手，完善了运行机制，搭建良好平台。在创建良好的基础设施条件与环境的基础上，积极引进和培育新医药、新材料、绿色食品电子信息等技术含量高、附加值高、绿色环保的新兴产业。而对于高污染行业，安吉县依然以最严格的环境标准控制高能耗、高污染行业发展，采用规模以上工业企业环境认证率、乡镇清洁生产审核合格率、政策综合评价体系等多项指标对高污染行业进行严格控制，鼓励企业形成绿色生产的良性循环机制并不断加大对新产品的研发投入。县政府成立了淘汰落后产能的工作领导小组，由县政府分管领导任组长，县发经委、环保局、质监局等部门为成员单位，明确了各成员单位的工作职责。根据淘汰落后产能目录及市政府下达的年度淘汰任务，加大对水泥、造纸、印染、化工等高耗能行业落后产能的淘汰力度，对高耗能企业在用电紧张时重点实施限电措施。

2019 年，在绿色发展的高标准、严要求下，安吉县的生态工作取得了快速发展。在利税超亿元的行业中：家具制造业 28.35 亿元，增长 20.4%；非金属矿物制品业4.70亿元，增长 3.1%；通用设备制造业 3.28 亿元，增长 190.6%；化学原料和化学制品制造业 2.61 亿元，增长 15.0%；医药制造业 2.53 亿元，增长 36.8%。全县营业收入超 10 亿元企业有 9 家，5 亿元～10 亿元企业有 10 家①。

安吉县依托良好的生态环境，大力发展生态旅游休闲产业。安吉县坚持把生态旅游业作为第三产业发展的龙头，县政府出台了《旅游资源开发管理规划》和《旅游资源开发和管理办法》等加快生态旅游产业发展的各种政策，提出了“合理开发、科学管理、永续利用、持续发展”的思路。在全县生态规划的大框架下，按照“中国竹乡生态旅游城市”的定位，编制和修订了《安吉县旅游发展总体规划》，构筑了“二区一环一中心”的旅游发展总体布局。在美丽乡村建设颇具成效的基础上，安吉县开始探寻新的发展方向。全县景区化模式强调在全县范围内打造大景区观念，形成全县范围内村村联动、处处景观的模式。这种模式的发展适用于县域美丽乡村中已经拥有一定数量规模及发展水平的情形，通过全县景区化的模式，将零散的美丽乡村串联起来，将一个个点的美丽乡村效益推及至片，形成规模效应，带动整个县区的经济发展。通过大力发展旅游行业，安吉县的旅游经济收入实现了跨越式增长。1998 年，安吉县国内旅游人数仅为 41 万人次，旅游收入 6 155 万元，经过 20 年的发展，2018 年安吉县全年接待国内外

① 安吉县统计局：《2019 年安吉县国民经济和社会发展统计公报》，参见安吉县人民政府官网：http://www.anji.gov.cn/art/2020/5/29/art_1229518619_3776411.html。

旅游人数2 504 万人次,全年旅游总收入达到了 324.74 亿元(见图 5-1)。

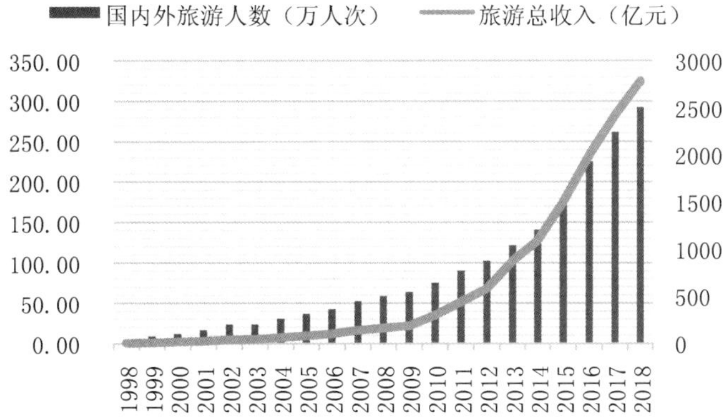

图 5-1　1998—2018 年安吉县国内外旅游人数、旅游总收入趋势图

(资料来源:1998—2017 年数据来源于安吉县统计部门提供的《数字见证安吉县发展——改革开放 40 年巨变》,2018 年数据来源于《2018 年安吉县国民经济和社会发展统计公报》)

总体上看,改革开放以来,安吉县的产业经济结构经历了由第一产业主导到第二产业主导再到第三产业主导的转变。1978 年三产结构比为 44.7∶36.6∶18.7,1998 年为 19.6∶48.6∶31.8,2018 年则为 6.5∶44.1∶49.4(见图 5-2)。

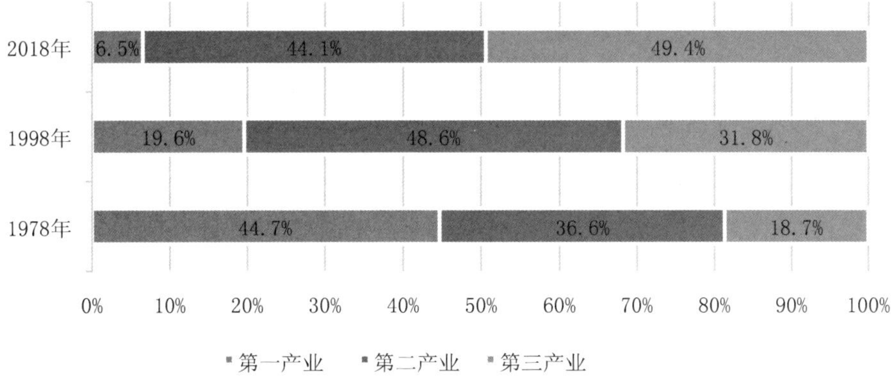

图 5-2　1978、1998、2018 年安吉县三产结构对比图

(资料来源:1978、1998 年数据来源于安吉县统计部门提供的《数字见证安吉县发展——改革开放 40 年巨变》,2018 年数据来源于《2018 年安吉县国民经济和社会发展统计公报》)

2. 农村集体经济发展

改革开放后,随着市场因素的不断渗透,没有集体力量的支持,小农很难在与工商业资本的互动中获益。村庄缺乏公共财政资源的保障,导致公共服务或产品严重依赖外部主体的供给,从而造成村庄集体凝聚力减弱。安吉县建立了完善的村集体经济发展政策体系,村集体经济的发展促进了农村社区的凝聚力和内生发展动力的增长。在组织领导方面,安吉县建立了县、乡、村三级联动,共同推进集体经济发展的组织领导体系,形成了分工明晰的责任体系。安吉县充分发挥财政杠杆的调节和激励作用,县财政每年安排专项资金 1.2 亿元,实行"以奖代补",用于农田水利设施建设补助资金、农业科技推广与服务补助等领域,以支持村级集体经济发展。与此同时,积极寻求与商业银行合作,设立专项信贷资金,支持村级集体经济发展壮大,对符合贷款条件的村级集体经济项目提供信贷支持。建立完善的奖惩制度,通过完善考核机制,为集体经济的发展树立榜样,提高基层集体经济发展的积极性。发展壮大集体经济示范村,以表彰奖励为重点,建立村干部劳动报酬制度,促进集体收入增长,将村级集体收入增长与村干部工资挂钩。总之,安吉县从人力资源、信息、技术等渠道为村级集体经济发展创造了最优的政策环境,在具体操作层面,也选择了一批熟悉农村政策、掌握农业技术、了解市场需求、善于经营管理的专家学者,对每个村进行指导。

由于地域、经济发展水平、人口结构、社会文化等方面的差异,农村对社会保障也有不同的需求。在这种情况下,很难完全依赖政府对公共产品的统一供给。安吉县鼓励各村结合农村实际情况,寻找正确的方式,形成"一村一品"的农业经营模式。安吉县积极引导村集体清理农村集体的资金、资产和资源,把它作为稳步推进集体经济发展的重要手段,通过清理"三资"为集体经济发展积蓄能量。有了这些资源,村庄借助市场化的运行方式,以村集体经济组织为经营主体,能够发展各类生产、经营、服务项目,就能为集体经济发展创造有利条件。在实践中,安吉县的杨村结合绿水旅游度假区的生态优势,充分挖掘山水资源潜力,引导以生态旅游为切入点,采取村经济合作社投资入股、引进项目收租等方式推动了村集体经济的大跨步发展。

杨村村集体经济的主要来源渠道包括:(1)物业收入,村集体利用 6%的留用地、12%的土地拆迁集体提留款等,一方面通过对 4 万多平方米的留用地进行招商,让被征地农民每年都能拿到分红,另一方面村集体在新城工业园区毗邻处建设了 3 万平方米的村级工业集中区,利用厂房出租引进企业入区,鼓励村民创业,并为工业集中区铺设污水管道等基础设施;(2)旅游收入,成功创建 3A 级旅游景区,以接待政务考察为主,成立旅游发展有限公司,公司主要负责杨村美丽乡村经营、宣传和参观考察团的接待工作;(3)资产性收入,村集体现金存款超过5 000万元,每年会产生利息收入;(4)项目补助收入,包括美丽乡村建设、美丽宜居等项目补助款;(5)山林承包等,村里将荒坡林地等 1 500 余亩租赁给种植大户种植茶叶、黄花梨等经济作物。2018 年,杨村的集体经济收入达到572.53万元,其中经营性收入以及投资收入成为村集体经济的主要来源。这些都说明村庄主要是依靠自身的条件实现经济增长,而非单纯依靠政府的政策拉动。

村集体资产是保障乡村治理转型的重要支柱,杨村的成功在于村集体经济收入来源的多样化。杨村经济合作社已完成股份制改革,股权量化折股到人。村集体收入来源主要为物业收入、资产性收入、项目补助款、山林承包和旅游收入等。村庄通过休闲民宿、白茶、黄花梨种植等产业培育,不但加快了由单一产品向多层次产品、高品位产品结构转变,而且将农事活动、农业观光、种植销售等元素糅合到产业发展中,带动了本地百姓的参与,极大地发挥了产业链的联动作用。概言之,强大的集体经济成为保障村庄展开治理工作的重要基础。

总之,安吉县在美丽乡村建设中,将推动村庄集体经济发展放在重中之重的位置,充分发挥集体经济的灵活性,根据本村的具体情况和需求设计有针对性和补充性的社会保障内容。除此之外,集体经济强的村庄,往往注重对村民孝善、重教、自强、诚信、友爱、互助等美德的激励,取得了很好的效果,有效促进了乡风文明建设。洪大用(2017b)曾提出"社会治理的关键是治理流动性",相较以往村民忙于自身生计,无暇顾及村庄整体发展和公共事务,村庄面临公共性消解的困境,集体经济的发展不仅加强了各类人才回归乡村的意愿,同时以切切实实的经济利益为纽带,提升了村民参与公共活动或公共事务的组织力、凝聚力和认同感。与此同时,集体经济作为重要的社区公共财力,为提升乡村基层党组织服务能力、引领能力、管理能力提供了有力支撑。

3. 制度改革

安吉县为推动农村经济发展,加大了农村集体产权制度改革的力度。《国家乡村振兴战略规划(2018—2022年)》提出,"深入推进农村集体产权制度改革,推动资源变资产、资金变股金、农民变股东"。深化农村集体产权制度改革,必须处理好农民与集体的关系,切实落实集体所有制,维护集体和个人的共同利益,同时保护农民个人利益和财产权益。以家庭联产承包经营为基础、统分结合的双层经营体制是我国农村的基本经营制度。对于统分结合的双层经营体制,"分"是为了使生产关系适应当时生产力发展水平的现实选择;"统"代表着生产力的发展方向和社会主义农业生产制度的根本优势,是关系双层经营体制的根本问题。

安吉县在推动制度改革的过程中,牢牢抓住了统、分两个要素,突出了要重点推进集体经营与家庭经营、合作经营、企业经营等其他经营方式共同发展。此外,安吉县依托村民委员会或村党支部,以技术指导、信息传递、物资供应、产品加工销售为主要内容,与基层农业技术组织、农业龙头企业和主要专业户开展合作。积极培育农村专业合作经济组织,引导主导产业和特色产业建立专业经济合作社,大力发展"订单"农业和“公司+农户”或“公司+合作社(协会)+农户”等生产经营模式,重点支持一批有支农、科技创新、加工增值、市场拓展能力的集体企业。例如杨村的“公司+合作社+农户”的乡村经营模式,村民将从中获得工资、股份分红、房租租金、农产品种植等多种收入,使村集体经济、农户能真正享受到美丽乡村建设带来的成果。

安吉县以尊重和落实人民群众的主体地位,充分发挥人民群众的主体性,激发人民群众的积极性为原则,积极探索与落实了农村“三权分置”改革。“三权”即农地所有权、承包权、经营权,“分置”是将这三种权利的边界清晰地界定出来,使“三权”各自相对独立化。在改革试点过程中,安吉县在保持所有权和承包权不变的前提下,自主改造经营权,激活经营权,赋予经营权应有的法律地位,明确经营主体的责任和权益。通过三权分置改革,推动了经营权流转和农业规模化,“三权分置”改革打破小农生产方式对农业产业化、规模化、集约化的制约(陈朝兵,2016),从而顺应当前安吉县农业生产力发展的客观现实。在市场经济不断深入农村的背景下,安吉县“三权分置”改革的落地、落实,大大促进了其主体性的充分发挥和热情,真正维护和保证村民的根本利益和主体性。新形势下,安吉县加大了改革力度,有效维护了我国农村社会主义经济基础,避免了农村主要生产资料民营化,使农村公有制的活力和生命力得以重新焕发。总之,这些制度改革解决了当前农村经济发展中迫切需要解决的客观现实问题,保持了农村社会主义公有制的发展,激发了农村经济内生发展的能力。

在大多数情况下,“村民之所以愿意加入集体,或加入后不退出,是因为集体能够比市场带来更高的收益,相对于市场,集体能够更好地解决他们的生存和发展问题”(冯仕政,2007)。杨村通过进行股份制改革,以股权形式将财产量化到成员,为农民非农化发展提供了基本的生存保障,这样不仅调动了村民的参与积极性,同时也激发了他们的监督意识。更为关键的是,杨村在遵循公平原则的基础上,允许村民之间就股权进行“合理流动”,这样进一步增强了村民参与集体经济发展的主动性和积极性。股权的多少成为村民在年底享受集体分红的主要依据,与此同时,集体资产的所有权仍然归股份经济合作社集体所有。股份制改革让村民与村集体的利益捆绑更加牢固,在这种情况下,基于民意共识而形成的调节机制,自然能够对村民的行为产生很好的约束效力。股份制改革也让村民对村庄精英群体反向监督的积极性被调动起来了(张建 等,2016),村民唯有以实际行动参与并支持村庄和村庄产业的发展,自己才能够在年底分到更多的红利,于是越来越多的村民将自身利益与村庄利益和发展紧密联系在一起。

4. 市场资本的引入

市场资本是美丽乡村建设的一个重要因素。正是市场这只“看不见的手”,激活了安吉县杨村的发展空间,奠定了村庄经济发展的基础。杨村在美丽乡村建设的基础上，围绕“整村推进”，以项目制的方式，统筹谋划村庄发展。2012年，杨村旅游发展有限公司成立，主要负责杨村美丽乡村经营、宣传和参观考察团的接待工作。为了进一步开发旅游产业，杨村于2012年完成7 000多平方米的旅游特色商业街建造，共计40余间商铺，这也是安吉县美丽乡村展示馆所在地。此外村内还有度假山庄。杨村有2 000亩土地被县工业园区征用，在整治村庄环境和改善卫生、文娱设施的同时，杨村开始考虑把6%的留用地盘活，推进村级工业经济发展，进一步增加村集体和村民收入。通过对4万多平方米的留用地进行招商，杨村吸引外地投资建设综合楼，一部分商铺和商住楼归村集体所有，村里将这些房屋对外出租，被征地农民每年都能拿到分红；另一方面，村集体出资在村西北与工业园区毗邻处建设3万平方米的村级工业集中区，利用厂房出租引进企业入区，鼓励村民创业，并为工业集中区铺设污水管道等基础设施，吸引32家企业入驻，既解决了村民就业问题，也成为村集体经济的主要收入来源，全村从事非农产业的人数共计676人，占全村总劳动力的86.6%①。

项目运作与资本下乡，不仅能改善村内环境设施，有利于杨村的基础设施建设，还给当地提供了就业机会，带动了全村旅游产业的发展。借助美丽乡村建设的推进，杨村试图把休闲农业和乡村旅游结合起来，通过招商引资大力发展第三产业。项目建设根据绿水旅游度假区对杨村美丽乡村建设的整体规划，做到园中有村，村中有园，保护和改善当地的农业生态环境，发展休闲农业，增加周边农民的就业机会和收入。通过借助市场资本的力量，杨村的基础设施得到改善，美丽乡村建设得以更进一步。在观光园的具体建设与运营的过程中，杨村积极解决本村劳动力问题，与此同时，周边村民还可以为游客们提供更多的食宿娱乐等方面的服务项目，带动了当地旅游产业的发展，从而实现了资本进入与农民共赢。杨村正是借助市场资本的力量，逐渐成为集文化休闲、乡村度假、休闲农业等多元业态为一体的乡村旅游村。除此之外，借助资本的力量，村庄还打响了农业特色品牌，推进特色农业标准生产和质量强制认证，推进一系列无公害农产品、绿色食品和农村食品的生产和认证。

在杨村垃圾治理实践中，新技术的使用极大地促进了垃圾减量化、无害化和资源化，主要是餐厨垃圾处理技术的使用、可回收物资智能管理系统的建立、互联网与物联网平台的搭建和使用。运用技术，却不盲从技术，是杨村的重要经验，之所以称为“因地制宜”，是因为引进的这些垃圾处理技术，在当地根据村社具体情况都被加以改造，“技术在地化”，最大程度地做到有效、方便和可操作化。除了硬制度和软规范的作用，对于技术的灵活运用也是杨村环境保护成功的重要基础。进村企业为什么那么配合

① 资料来源：《安吉县杨村“美丽乡村”建设情况汇报(2011)》(内部资料)。

村委会工作，那么积极地参与垃圾分类和环境保护，是因为他们从中获益，得到了实惠，他们相信村委会是肯办事、办实事的。对外，杨村高度重视工商资本、社会资本、金融资本的吸纳和参与，通过竞标方式吸引外来资金投资杨村的旅游业，公开招募艺术家打造杨村形象，动员市场力量建设美丽乡村。此外，安吉县注重投融资机制的创新，利用政府财政杠杆，通过政策引领激发各阶层的内在活力，“内外兼修，四两拨千斤”。

杨村通过对产业资本的灵活运用，旅游业态日渐丰富，产业集聚效益已经显现，村庄实现了旅游产业多元化、复合型开发，增强美丽乡村发展内生动力。总而言之，农村经济的快速发展，为美丽乡村建设的顺利推进打下了良好的物质基础。村庄集体经济的发展使得农民以多种不同形式参与集体经济，农民通过入股或分红的形式享受村级集体经济发展所带来的红利，村民的个体利益与集体利益捆绑在一起，形成了利益共同体。农民以土地流转、专业合作社、劳动务工等多种形式参与村级集体经济，进而通过村级集体经济实现收入增长，双方形成了共同支撑的局面。

第二节
统筹发展中的基层治理

党的十九届四中全会提出“必须加强和创新社会治理，完善党委领导、政府负责、民主协商、社会协同、公众参与、法治保障、科技支撑的社会治理体系，建设人人有责、人人尽责、人人享有的社会治理共同体，确保人民安居乐业、社会安定有序，建设更高水平的平安中国”。政治系统在美丽乡村建设中有独特的位置，既不同于环境质量建设的基础地位，同时也与经济因素的主导性和决定性存在差异，更有别于社会文化系统的潜移默化性，它是维护所有系统和谐稳定的关键。在中国语境下，基层更多地指向处于乡镇的农村和城镇的社区等基层社会。基层治理强调在我国基层地区的一定范围内，以基层政府为主导，在村级基层组织和民间组织的参与下，共同解决农村社会在新型城镇化进程中面临的新的治理问题，以达到对基层社会治理的最佳状态（狄金华 等，2014）。治理有效是美丽乡村建设的基本要求。作为国家治理体系的基础性组成部分，基层治理有效不仅关系到国家贯彻落实某项具体政策，同时也是增进基层民众福祉和公共利益的重要手段，更是建立理性、规范、制度化的现代国家制度的重要途径。农村内部深层次问题和矛盾的解决离不开治理体系与治理能力的完善。本节将根据安吉县的实践情况，剖析安吉县在美丽乡村建设中提升基层治理有效性的主要措施，以及基层治理在整个项目建设中所承担的主要功能。

一、基层治理体系与能力

基层治理体系与治理能力现代化是国家治理体系与治理能力现代化的重要基础。党的十九大报告明确提出要“健全自治、法治、德治相结合的乡村治理体系”。《中共中央 国务院关于实施乡村振兴战略的意见》设定了健全新型乡村治理体系的“三步走”战略构想，即：到2020年，乡村治理体系进一步完善；到2035年，乡村治理体系更加完善；到2050年，包括健全乡村治理体系在内的乡村全面振兴战略目标全面实现。安吉县在推动美丽乡村建设中将基层治理作为各项工作稳步推进的基础和根本路径。基层治理体系的建设有助于增强顶层机构或制度的灵活性，从而缓解国家政策的普遍性与具体实施的特殊性之间的矛盾关系。健全的农村基层治理体系和机制、优秀的基层社会治理能力，成为安吉县推动农村发展的内在动力源泉。安吉县立足于当地的实际情况以及新时代的背景，将自治、法治、德治三者贯通相融，这种方式既是对传统社会治理思想的创新，又契合了当前我国乡村社会结构的特点和乡村基层公共事务复杂性的现实。

自治是基层治理的重要基础。村民自治作为一项重要的制度创新，在维护农村社会稳定方面发挥着重要作用，其核心内容是村民主体意识的体现。法治和德治都需要通过村民自治来实现，村民自治是最重要的基础。乡村既是农民日常生活的重要场所，又是农民政治生活的重要场所。在国家的正式制度中，行政村作为最低层次的治理单元，逐渐成为国家权力进入农村社会的基本治理单元。农村税费改革后，国家逐步加大了对农村资源的投入力度，行政村在这一过程中的地位也受到了一定程度的影响。国家试图通过绕开基层组织，进而实现与村民的直接对接，但在实践中却衍生出种种异化行为(李祖佩，2015)。在实践中，安吉县逐步将行政村的功能定位转变为公共服务功能，成为正式行政体制实践的内在组成部分。村级组织作为村民自治制度的重要主体，已成为发展实践中不可忽视的重要社区参与力量。当前造成农村社会诸多矛盾的原因，在于村内公共事务没有得到妥善解决，而村民可以通过自我教育、自我管理和自我服务来协调利益关系，化解社会冲突的积累。在全面推进基层治理体系和治理能力现代化的背景下，农村社会通过制度建设和组织保障，为村民自治的有效实施创造了各种平台和条件。国家对于自治的高度重视，能激发村庄内部主体的参与功能，不仅有助于乡村社会秩序的稳定，同时也是从实践层面调动基层群众进行自我管理、自我教育、自我服务和自我监督的积极性。

法治是基层治理的重要保障。自治和德治必须在法律规则的范围内进行，任何可能超越法律边界的治理方式都是不被允许的。只有真正落实正式制度，严格依法治国，才能从根本上保障农村社会公平正义的实现。乡村治理需要一套具有强制特征的外部规则来弥补自治和德治无法解决的治理问题。法治思维并不仅仅是对违反法律规范行为的强制性惩罚，更在于培育村民的规则意识(李牧 等，2018)。新时代背景下，无论是治理体系的构建还是治理能力的提升，都必须要在法律的框架内进行，这是为构建良好的乡村治理格局奠定基础的关键举措。依据《中华人民共和国宪法》的规定，基层群众自治制度是国家的基本政治制度。《村民委员会组织法》为村民自治提供了法律保障，村民可依据法律进行自我管理、自我教育和自我服务，并且可以在村民内部进行民主选举、民主决策、民主管理和民主监督。这些正式法规制度的存在，赋予了村民进行自治与德治的权利。在市场经济的条件下，完善的制度体系不仅有助于村民通过法律手段解决各种各样的问题，同时也营造了一个良好的社会氛围，让基层治理的主体去依法处理事务、寻求法律的支持、维护村民的合法权益。对于参与基层治理的不同主体而言，将法治思维运用到具体的治理实践中，可以进一步提高主体的治理能力。此外，强调法治不仅没有限制村民的主体性，而是鼓励其依法履行法定职能、承担公共责任，进而保障农村社会的和谐稳定。

德治是基层治理的内在灵魂。法律与道德的关系不是零和博弈，而是相互补充、相互合作、相互促进、共同发展。在农村社区语境下，农村社会特有的文化道德是一种非常重要的治理资源，可以为自治和法治提供有效的辅助。安吉县在基层治理中充分尊重和了解不同地区的传统文化和村治习惯，并在此基础上挖掘村庄当地文化资源。相较于村民自治与法治的“硬治理”，德治更多是来源于乡村文化的有效感召，是一种内生于乡村本土的“软治理”(刘祖云 等，2013)。安吉县在治理过程中，积极引导各村动员其文化精英积极参与全村事务。在这一过程中，强调村庄要认清各个区域的文化特征，更合理地进行乡村治理，整合好道德的影响力。自治和法律，都是强调以某些标准来解决不同的公共事务，但德治不同，它可以根据不同的农村文化传统、公众舆论环境去不断调整治理模式，这意味着治理可以不断解决乡村中涌现的新问题。安吉县在构建“三治融合”的治理体系时，极为强调借助文化感召对行动者进行自我约束，进而为自治和法治工作的开展创造便利条件。在县域政策的积极引导下，安吉县的德治具有鲜明的地域文化特征，不同的乡镇根据各地的实际情况，积极发挥了德治在“三治融合”乡村治理体系中的功能与作用。村庄构建的一套符合发展诉求的道德约束体系，有助于挖掘这些文化因素对自治和法治的推动，这在一定程度上提升了乡村治理的效率与质量，进而实现治理有效的目标。

二、基层治理创新实践

1. 县域层面

安吉县坚持把党的领导贯彻落实到基层治理的过程中，以此保证治理能够朝着正确的方向推进。《中共中央 国务院关于实施乡村振兴战略的意见》提出要“确保党在农村工作中始终总揽全局、协调各方，为乡村振兴提供坚强有力的政治保障”，并且健全和创新农村党组织领导的充满活力的村民自治机制①。安吉县切实推进基层党建职能

① 《中共中央 国务院关于实施乡村振兴战略的意见》，参见中国政府网：http://www.gov.cn/zhengce/2018-02/04/content_5263807.htm。

的转变，使党建工作能够主动自觉地为基层群众提供相应的制度环境，积极引导、组织和支持村民参与乡村治理。在安吉县治理实践中，农村基层党建工作一直被放在首位，基层党组织成为引导农村社会各项事业稳步前进的核心保障。安吉县注重提高农村干部的团队质量，严格筛选和培训村“两委”干部，常态化地将积极的农村人才纳入党组织进行检验与考察，同时依靠正规系统体系鼓励村里的干部及其他储备干部积极参与到治理中来。安吉县还建立了乡镇干部双向流动机制，年轻的乡镇干部可以自愿申请或选拔到村内临时任职。同时，工作突出、业绩突出的村干部也可入选乡镇干部。更重要的是，安吉县通过建设成长机制、筛选机制、奖惩机制等制度机制保障，不断提高基层干部的治理能力，使其不断适应新时代的治理要求。这一系列的行动，使基层治理能够获得源源不断的党员后备力量，促进党员干部年龄结构合理化。

安吉县除了重视利用制度加强自上而下的乡村政权建设，同时也积极引导各级政府转变政府职能，还权于基层自治组织。在美丽乡村建设中，安吉县各级政府始终强调自身“指导者”角色，给予基层自治组织更多的治理空间。安吉县以制度化的方式，通过内生型的新乡贤的自治力量加强乡村自治能力，形成了以内生力量自治为主、外部治理为辅的治理格局。在这种治理格局之下，安吉县能够在一定程度上释放乡村社会的发展潜力，进而增强被治理对象的主体责任意识。加强基层干部的服务意识和责任意识，转变官本位思想，把粗放简单的工作方式转变为因地制宜的工作方式。安吉县鼓励基层政府减少对基层事务管理的行政干预，赋予治理对象更多的自治权，从而促进内生自治主体的培育。地方政府确保基层组织有更大的发挥空间，充分发挥其中介作用，从而积极动员群众参与农村治理，形成良好的组织基础。安吉县通过严格的制度约束，保证了基层组织所发挥的作用不异化。在具体制度建设过程中，安吉县建立健全了村务信息公开制度、民主决策制度、民主监督制度和激励约束制度。在充分尊重村民主体参与权的前提下，安吉县对干部不按程序办事、滥用职权的行为进行了制度约束。总之，政府与社会加强了相互之间的合作与沟通，形成了一种多元治理模式，引导其他治理主体共同致力于美丽乡村的建设。

乡村建设离不开物质条件的支撑。物质资源保障在提升治理主体主动性的同时，还可以为村民提供公共服务以及村庄秩序维持等村庄治理功能。美丽乡村建设作为一种自上而下的项目制，本身就建立在资源输入的基础之上。县级层面完善村级组织运转经费保障机制，推广“一事一议”“以奖代补”等方式，鼓励村民更多参与到乡村农田水利、公共交通、饮水安全工程等基础设施的建设中来。项目制作为一种资源输入形式，带来了从中央到地方各级政府的行动逻辑以及政府之间互动关系的变化。李祖佩(2013)从现有文献出发，将资源提炼为乡村治理的关联变量，认为资源额度、资源形态以及资源运作方式形塑并维系着具有不同表现形态的乡村治理。安吉县对已列入美丽乡村精品示范村、乡村旅游经营示范村的，县财政按省财政补助资金的35%补助①，补助资金做到专款专用。因此，自上而下的资源输入与基层自身的项目争取，使得杨村争取到了较多政策、资源、资金等。此外，市场力量的引入，让项目制并不仅仅停留在政府自上而下的专项项目上，也出现了通过政府购买服务、由社会第三方承担的“项目制”。由第三方承担的“项目制”成为安吉县调动市场、社会治理资源的一大手段。例如在治理环境的过程中，安吉县通过第三方社会组织承接的政府购买服务项目“开展环保教育，建设美丽家园”环保项目，成功调动社会组织、村民等参与社会治理，创新了农村环境治理机制。

2. 村庄层面

安吉县注重调动村级组织在基层治理中的关键作用。以杨村为例，在制度保障的基础上，村庄由本村有威望的老干部、老党员、村民代表组成民主监督小组，监督的范围包括党务、村务、财务。在财务方面，监督小组会吸纳有财务专长和经验的村民，保证监督小组的审核权、纠正权和评议权。在村干部履职方面，村民会积极参与到村民代表大会中，由村民代表对干部的思想政治、廉洁纪律、工作业绩等方面打分，得分结果将会直接与村干部的工资、奖金挂钩。这些举措既保障了村民参与村庄治理的实际权利，同时也有效地约束了治理主体的行为。村级组织通过软、硬两种手段调动了村民参与村庄治理的积极性与主动性。村民自觉将个体利益与集体利益相挂钩，进而能够常态化地参与到治理中来。例如为了加强民主监督，实施两务公开，密切干群关系，村“两委”组建了经村民代表选举产生的民主监督和民主理财小组，明确村级财务活动必须经监督小组审核同意后方可报账。杨村将每年12月15日作为村务财务公开日，领导班子要向村民代表汇报经济发展规划、重大项目投资建设等重大事项，并听取村民的意见和建议。此外，村庄还制定了规范的财务管理制度、集体资产保值增值制度，明确干部各自的岗位和职责，奖罚分明。

在杨村的美丽乡村建设中，乡村社会动员是通过层层文件传达、开会、基层宣传、思想工作等具体策略实现的，这几种策略有时候是相互嵌套的。例如“开会”是其中重

---

① 按照《安吉县人民政府办公室关于印发安吉县农房改造建设示范村工程实施方案的通知》（安政办发〔2013〕73号）文件要求，县财政按省财政补助资金配套补助，各个村按省财政补助资金的35%补助（列入乡村旅游经营示范村或美丽乡村精品示范村）。据文件要求，优先保障农房改造建设示范村的建设用地需求，县、乡镇财政补助资金分别为省补助资金标准的70%和30%。对已列入美丽乡村精品示范村、乡村旅游经营示范村的，县财政按省财政补助资金的35%补助，补助资金做到专款专用。省财政每个村补助184.6万（专项补助174.6万，规划设计10万），县财政配套64.61万。

要的社会动员方式。在班子建设方面，根据参加会议的群体，可以区分为上级领导的检查会和座谈会、党政班子的决策会议、党政系统的协调会、基层干部和群众的动员大会等。开会的目的，既是便于传达信息，也是统一思想，同时也有相互交流的意味。在开会的过程中进行文件传达，也有助于强化科层系统的层级，使得科层系统得以正常运转，自上而下地保证了美丽乡村建设。强化“四诺履职”日常纪实管理办法，村“两委”干部年初主要围绕发展集体经济、促进社会和谐、服务党员群众、大力创业创新等方面对岗作出承诺。年初对岗定诺、季度依标践诺、半年按绩评诺、年度评星奖诺①，通过“四诺履职”，杨村以期建立村“两委”干部日常表现管理纪实档案库，将纪实和评议情况及时纳入纪实档案库进行管理，并作为村“两委”干部个人年度考核的主要依据。村“两委”干部日常表现纪实情况将被纳入村年度综合考核，并根据所记的管理情况，确定一定数量表现突出、实绩明显的村“两委”干部，最后将日常表现纪实情况作为年底评先评优的重要参考依据。对村“两委”干部，侧重于服务能力评价，在村党员服务中心设置电子服务评价器、服务办结评价单，采取“一事一评、一人一评”的方式，由办事群众当场评价服务成效，作为村干部年度考核报酬发放的重要依据。

美丽乡村建设是一项系统工程，需要各部门整体联动，各负其责，形成合力。《中共中央 国务院关于实施乡村振兴战略的意见》对当前我国乡村发展突出问题进行了把脉，明确指出“农村基层党建存在薄弱环节，乡村治理体系和治理能力亟待强化”，而乡村振兴的第一条基本原则就是“毫不动摇地坚持和加强党对农村工作的领导，健全党管农村工作领导体制机制和党内法规，确保党在农村工作中始终总揽全局，协调各方，为乡村振兴提供坚强有力的政治保障”。在项目进村的过程中，杨村的党员会自发对工程项目、物资采购、劳务用工等环节全程监督，坚决杜绝损害村集体和村民利益的情况发生。此外，依托村级党群服务中心和“爱游”党员志愿服务驿站，以 11 个村民小组和重点公共场所为重点，设置 15 个网格服务点，建立“线上”“线下”覆盖村民、游客和外来流动人员的网格服务体系，着力提供涉及民生、旅游等 115 项问询、办理等服务事项。这些举措都凸显出基层党建工作在推动乡村治理转型过程中的重要作用。

杨村党支部大力加强党性锻炼，实行“党性体检”制度。在党组织工作制度的建设中，杨村相继出台了《杨村村两委例会制度》《杨村联席会议制度》，完善健全了基层党组织工作。同时，杨村积极申报党建责任清单，以党建工作为主业，把党建工作牢牢抓在手上。在关于如何发挥党员的模范带头作用方面，杨村开展了党员认领责任岗活动。对于普通党员来说，主要采取认领责任岗的方式(详见表 5-1)。杨村共有 59 名党

① 资料来源：《杨村两委班子任期总结(2014—2016)》(内部资料)。

员，均认领了合适的岗位。这些岗位主要是绿化养护、环卫监督、污水整治、道路工程推进与维护、垃圾分类、食品安全监督、计生宣传、关爱残疾人和文化活动等，一旦发现问题，党员必须率先处理，如果无法处理，需要立即联系村干部处理[①]。比如2016年，在美丽乡村精品村的创建中，杨村挑选责任心强、群众威望高的15名党员定期检查工程进度、定期抽查工程质量，全程监督各类在建工程，以培养后备干部，构筑了“党员代表监督、监理单位控制、施工单位保障”的三级质量管理体系[②]。对普通党员，侧重于服务意识评价，把党员主动完成党组织交办事项情况纳入党员行为公示，采取每月自评打分、党组织考评计分确认、党务公开栏半年公示的“两评一认一公示”办法，动态记录日常服务闪光言行，激发党员服务的自觉性和主动性。

表5-1　杨村“党员示范责任岗”岗位公示栏

序号	岗位名称	岗位职责
1	绿化养护岗	对村内新建绿化工程进度进行督促，对绿化、花木进行保护，防止毁坏
2	环境卫生监督岗	对下辖6个自然村的卫生状况进行监督，发现卫生较差的情况时及时与相关负责人联系；其中赵家自然村、刘家自然村、张家自然村为重点区块
3	计生宣传岗	带头宣传计生政策，宣传避孕节育、优生优育、生殖健康知识
4	垃圾分类岗	带头宣传垃圾分类知识，指导并监督各自然村垃圾分类工作开展
5	渠道维护岗	负责监督、维护赵家自然村至张家自然村渠道的卫生
6	食品安全监督岗	监督流通食品店内过期食品、无包装食品，餐饮店的无证照经营情况，发现违规者及时上报
7	污水整治岗	监督村内在建污水处理工程的进度，维护现有污水处理系统，防止毁坏
8	道路工程推进岗	刘家自然村道路修建工程进度跟进与监督
9	文体活动岗	协助村内各项文体活动的开展，丰富村民文化生活
10	关爱残疾人岗	协助本村做好残疾人关爱工作

（资料来源：由杨村村“两委”提供）

再比如在污水整治的过程中，全村400多户中有90%以上需要进行卫生设施改造，要将卫生间独立分开，配备抽水马桶和洗脸盆。污水全部流入三格式化粪池，逐层过滤，最后渗出水用于庭院绿化灌溉。村内部分设施的改造，涉及部分村民的旧房屋

① 资料来源：《认领责任岗 带上“热心肠”：杨村党员“按单”服务》（内部资料）。

② 资料来源：《2016年杨村工作总结》（内部资料）。

及用地。一开始村民们大多认为工程过于烦琐，对于改用抽水马桶、改变卫生习惯等，表示很难改变，纷纷提出了反对意见。为了解决这些问题，村干部每天晚上挨家挨户做工作，一次又一次地上门，一遍又一遍地解释，终于打动村民们，使得工程顺利完成，解决了杨村200余户的生活污水处理问题。

总而言之，安吉县在推动基层有效治理的过程中，并不单单是停留在治理体系与治理能力的培育，更为关键的是统筹考虑了环境保护、经济发展、文化创新等问题，从而使得基层治理有效性能够得到维持。美丽乡村建设是一项产业经济、生态环境、精神文化、物质生活、综合治理五位一体的系统工程，这项工程以集体经济的支持为基石，以基层党组织和村民委员会的有效综合治理为抓手，将五条脉络拧成一股绳，互相促进，取长补短。杨村以美丽乡村建设为契机，实现了农村基层治理格局的重塑。村庄通过积极培育农村经济和社会组织，拓展农村居民社会参与的渠道，发挥其在乡村治理中的主体性作用，这也是保障乡村治理转型的一种制度创新形式。杨村的治理实践路径很好地为我们诠释了何为“共建共治共享”的治理格局。

第三节 统筹发展中的社会文化建设

社会发展是检验美丽乡村建设成效的关键维度。“生态文明建设内在地包括生态建设与社会建设两大方面，其实质是通过社会建设促进生态建设”(洪大用，2013)。美丽乡村建设尽管是政府自上而下推动的项目制建设，但其实也内含了国家力量的自上而下和社会力量的自下而上的互动逻辑。国家政策的执行效果往往会受到乡村社会内生环境的深刻影响。美丽乡村建设既受到国家制度、政策和法律等正式制度的影响，同时也受到乡村社会特有的社会结构与社会情境的影响。从社会系统的角度来看，乡村社会发展是美丽乡村建设的支撑维度，同时也是实现产业兴旺、生活富裕、生态宜居、乡风文明、治理有效的抓手和载体。对社会发展的强调凸显出国家推动美丽乡村建设的政策目标，即促进农业生产和农村生活方式转变。社会发展在乡村领域主要体现在两个大的方面，一个是乡村社会结构、经济设施建设、文化教育的发展，另一方面是看社会主体，包括村民个人、社会组织、村委会等能否积极参与到村庄的发展与建设之中。美丽乡村建设需要依托乡村主体的参与，主要指向乡村党组织、村民自治组织、乡村集体经济组织、村庄自组织，这些主体的存在能够推动环境质量建设、提升人民生活水平、传承乡村传统文化等。

文化子系统是由农村的自然和文化条件形成的相对独立、完整的空间。在这个空间中，各种文化相互联系，相互融合，形成了独特的地域文化体系。乡村文化建设是乡村社会的基本精神面向，同时也是美丽乡村建设的精神保障。美丽乡村建设实际是集生产、生活、生态、文化等多要素于一体的系统工程，而文化子系统在其中起着重要的整合作用(卢渊 等 2016)。推进农村文化建设与繁荣，是解决城乡文化发展不平衡、农村文化发展不充分问题的关键。同时，它还可以增强人们的满足感、获益感和幸福感，回应人们对美好生活的需求。同时，一个繁荣发展的文化也是实现农村习俗文明和有效治理的重要基础。在社会转型的阶段，农村文化建设本质上是对传统文化的继承以及创造性发展过程。在美丽乡村建设中，文化建设是保持乡村发展活力和创造力的根本和灵魂。因此，美丽乡村建设要注重挖掘、保护和传承传统乡村文化，恢复乡村本身的文化底色与文化功能。

本节内容主要分为两个部分：首先是剖析安吉县在美丽乡村建设中推动社会发展的主要举措及其所取得的发展成效。其次，是从文化建设的角度，分析安吉县在推动农村文化传承与创新等方面的主要举措，并总结文化建设在美丽乡村建设中的关键作用。

一、社会发展

1. 民生改善

美丽乡村建设的出发点和落脚点是促进农村社会的可持续发展。安吉县在美丽乡村建设中，把提高民生质量作为农村公共服务建设，积极保障农民的基本生产生活。安吉县为了有效提高农民的生产生活水平，高标准推进农村基础设施建设。针对农业生产发展中基础设施建设薄弱、抵御自然灾害能力不足等问题，安吉县逐渐加大了财政投入力度，向通公路、安全饮水、电网升级、通信覆盖、水利设施整治等基础设施建设倾斜。除了专项的财政投入外，安吉县积极引导市场及外部社会资源要素向发展薄弱的农村流动，着力解决部分地区依旧存在的基础设施老旧、建设水平低、现代农业支撑能力不足，以及基本公共服务供给相对不足的问题。安吉县以民生改善工程为重点，推进农业基础设施升级，降低农业成本，提高农业效益。安吉县不断加强农业基础设施建设，尤其是水、电、道路和网络等，在此基础上也提升了各类农业资源的利用率，进而有力地推动了农业标准化基地的建设与发展。安吉县不断加大对农村基础设施建设的投入力度，在自然村庄村道路硬化、加快农村饮水安全，农村电网改造升级工程等方面取得了显著成绩，实现农村电力供应完全覆盖，解决农村饮水的问题，此外还促进农村“智慧农村”宽带等项目建设，提升村民的生活质量。此外，安吉县着力推进城乡一体化发展，逐步推进城乡公共服务和基础设施均等化。根据各乡镇的实际情况和实际需求，建设幼儿园，配套养老、金融等公共服务设施建设，提高农村公共服务水平。

安吉县在美丽乡村建设中坚持民生优先，共享发展成果，始终将村民视为最重要的主体，着力解决农民最关心、最直接、最现实的利益问题。以安吉县的杨村为例，杨村村民每年年底能够享受到村集体经营性收入的集体分红，分红的结果是让村民与村集体的利益捆绑得更加牢固，在这种情况下，基于民意共识而形成的内部规范自然能够对村民的行为产生很好的约束效力。不仅村民的参与积极性被调动起来，村民的生活也得到了实际改善，村民唯有以实际行动参与并支持村庄和村庄产业的发展，自己才能够在年底分到更多的红利。杨村在改造村庄中把农民最关心的就业、教育、医疗、养老等一系列公共福利问题作为“利益激励”的关键，进一步提升了遵守村庄内生性规范的“含金量”。杨村村民除了能够享受到国家所提供的政策救助外，村集体还自主提供了更为完善的公共福利保障体系。由于杨村的土地大量被征用，杨村的村干部积极向上级部门争取了失地农民保险，村民一方面可以参加并享受政府的养老保险体系；另一方面，村集体每年都会从村集体收入中抽出一笔资金用于保障老年人的生活，村中 60 岁以上老人享受每月每人 60 元的养老金，70 岁以上老人每月每人享有 70 元的养老金。每年的重阳节，村老年人协会和村“两委”人员会登门慰问全村 80 岁以上老年人，为他们送上慰问金和节日问候。村庄利用文化建设和文化活动，不仅增强了共同体成员的情感联系、道德义务感以及遵从习俗惯例的责任感，同时也激发了村民的集体荣誉感与自豪感。

在提升村民幸福感与安全感的过程中，杨村结合党员固定活动日和村民代表大会，在全村村民中大力开展平安知识宣传教育活动，通过走访、座谈、召开村民代表会议，了解广大村民对平安知识、法律服务等方面的需求，在宣教活动中共发放宣传资料 800 余册。村庄推行了工作分片承包、实行承包责任制的办法，发展自上而下的三级“人防”网络：设立了集治安、消防、调解、巡逻、普法、帮教等“多位一体”的综合治理办公室，为一级网络，全面指导治安联防队员开展工作；以责任区为主的二级网络，将民主法治创建工作分为 11 个责任区，分别由村干部和组长负责，小区配备治保专员和巡防队员，形成了以治安巡逻队和监控为依托的动态防范系统，对全村实现了“无缝覆盖”；以民兵、妇联、老年协会等群众组织为主的三级网络，强化群众组织在民主法治单位创建中的模范作用。同时，先后制定完善了《治保委员会工作制度》《调解委员会工作制度》等各项规章制度，并且全部上墙。村里还结合实际情况，成立了矛盾纠纷排查调处领导小组，建立了社会热点问题预警机制，形成了健全的人民调解工作网络，坚持每月认真排查 2 次，每月 10 日、20 日向镇综治办报告排查调处情况，对各种矛盾纠纷做到早发现，早解决，避免了矛盾激化；建立了治保调解信息员、反邪教信息员、禁毒工作信息员等群防群治队伍。此外，村庄还组建了一支由老党员、老村干部以及热心集体利益的治安积极分子组成的义务巡逻队，定期开展巡逻检查。

杨村村集体的这一系列举措使村民没有后顾之忧，提高了村民的幸福指数。当村民发现通过遵守这套规范能够获得更多的公共报酬时，会积极参与到村庄的发展与建设当中。在这种“硬”规范的约束下，这些举措往往能够对“钉子户”起到很强的约束作用，这样既能保证发展目标的顺利实现，同时也有助于增强村庄的内部凝聚力。总之，安吉县着力改善农村的社会发展水平，尤其围绕着民生工程建设，充分协调和保护好农民群众的积极性、主动性、创造性，不同村庄形成不同的发展格局、内生模式，“美丽”

二字不断嵌入安吉人的幸福生活。

2. 村民参与

农村社会的整体发展不仅体现在基础设施的完善和公共服务水平的提高上，还体现在社会主体对农村发展建设的参与上。村民是村庄建设的主体，要促进社会的内生发展，就必须最大限度地调动村民的积极性。农村社会通常是由同一家庭或不同家庭的成员以地域为基础共同生活在一起，因此村落既有地理共同体的特征，也有血缘共同体的特征。与此同时，随着市场因素的渗透，经济利益也成为农村社会的主要特征。作为理性化的小农，利益关系是乡村最重要、最复杂的社会关系，也是形成乡村社会结构和建立乡村社会关系的基础。安吉县在推动美丽乡村建设中，尤为注重农民群众的思想政治教育，培养农民群众的公民意识，增强农民群众的认同感和归属感。乡村社会的全面发展，离不开新型农民的培养和塑造，进而引导村民主动参与到对美好生活的建设之中，并切切实实保障好农民群众的参与权益。安吉县千方百计地贯彻落实以人为本的建设思路，不仅加大了对乡村的经济投入与强农惠农富农政策的支持，同时也构建了城乡融合发展的体制机制，这些政策与制度实施的目标就是要调动村民参与建设的积极性与主动性。产业兴旺、生活富裕、生态美丽、乡风文明的美好幸福生活，需要人民群众积极主动地去争取创造。乡村社会的整体发展及美丽乡村建设目标的实现，一定是在实现乡村有效整合的基础上，能够更好地激发乡村自身的发展活力与创造力。

安吉县积极主动地激活内生型乡村治理力量，这其中新乡贤是最主要的参与主体。新乡贤是指在新时代背景下，有资财、有知识、有道德、有情怀，并且愿意为乡村建设贡献自己一份力量的群体。乡村出身的知识分子、经济能人、退休干部和道德模范等是新乡贤的重要组成部分。在传统时期，能够看到村内长者等乡贤群体积极运用村庄内部的社会资本，推动村庄的治理与发展。乡村建设与发展的关键，归根到底在于人的努力，只有人人都参与其中，才能真正实现社会发展的稳定性与持续性，进而增强自身的内生动力。安吉县制定了一项特殊政策，要求各乡做好新村民的发掘和培育工作。安吉县一方面通过建设美丽乡村，着力提高乡村的整体基础设施水平，这为新村落乡贤的出现提供了重要的物质条件；另一方面，通过分权和赋权，村民自治制度得以实施，成为新村民发挥作用的制度平台。作为一种非正式力量回归到乡村建设，新乡贤既具备推动乡村发展的客观条件，例如资源、技术、资金等，同时也非常熟悉乡村的社会情境，有助于解决乡村发展内卷化的困境。安吉县通过发挥新乡贤的参与作用，不仅在一定程度上破解了乡镇、村庄二元发展格局的结构性矛盾，同时也真正激活了乡村的内生资源，减少了乡村发展所需要的社会成本。通过完善的制度体系，让新乡贤真正发挥了社会教化职能，同时也通过赋能进一步增强了新乡贤掌握和运用现代法律解决乡村社会矛盾的能力。更为关键的是，在新乡贤的积极带领下，更好地激发了村民参与建设的积极性与主动性。

3. 组织参与

随着乡村对外开放的程度不断加深，各种外部的社会力量也在牵引着乡村社会的发展。安吉县在推动乡村发展过程中，注重培育乡村社会组织的力量。农村社会组织的存在，不仅扩大了农村社会公共服务的覆盖面，而且丰富了农村公共服务的类型和功能。安吉县大力培育服务性、公益性、互助性农村农民社会组织，以实现调动和激发村民参与的积极性和创造性的目标。社会组织作为农村建设的重要主体，能够提供行政政府和理性市场所不能提供的公共服务。安吉县不断增强乡村自组织的创新能力，积极发挥其作为推动社会主体积极参与村庄建设的关键作用。农村社会组织在动员和组织村民参与、为农民广泛参与自治提供渠道和平台方面具有独特的优势。对于社会组织较少的村庄，安吉县通过购买社会工作服务为其孵化社会组织，引导农民按照一定的目标组织起来，成为独立自主的独立组织。安吉县通过完善组织结构、扩大组织规模、制定规章制度等方式，引导社会组织创建积极性较高的村庄提高发展水平，完善社会组织职能。具体来说，安吉县加强乡贤理事会、监督委员会、村民代表监督小组及新乡贤队伍等基本组织的建设，同时也注重提升乡村妇女组织、共青团队伍、老年协会等既定群体的建设水平，并积极加强农村文化、体育、志愿者队伍等群众组织建设，建立起了组织化、制度化、规范化的运作机制。安吉县积极降低准入门槛，及时赋予乡村社会草根组织以合法性，同时还为社会组织提供技术指导、优惠政策扶持。

为了提升群众的自我管理意识，杨村在美丽宜居示范村建设过程中，对村庄环境的长效管理制度进行探索和创新，召开村妇女队长、村民组长、党小组长、村民代表会议等多个层面的会议，并结合村情自主推行业主委员会管理机制。在机构设置上，设业主管理委员会成员 5 人，由自然村住户选举产生。业主管理委员会的工作主要涉及公共秩序、消防、环境卫生、绿化养护和公共设施维护等五个方面。每个自然村现场选举出一个业主管理委员会和一个绿化卫生评定小组，使广大村民成为决策者、参与者、受益者，最大限度保证群众自治管理公正性。通过发展业主管理制度，杨村村民的社会参与程度较以前得到显著提升，而整个村庄也发生了变化。各村的业主管理委员会、绿化卫生评定小组成员通过言传身教，从自己做起，带动了普通群众的参与，起到了“巡查一片，提升一片，长效管理一片”的积极作用，体现了美丽乡村建设成果人人同担共享。村民在评比落后的压力下，逐渐提高维护环境卫生的自觉性，积极主动地参与到改变自家庭院和包干区域脏、乱、差的实际行动中来，村庄环境面貌得到明显改观，村民环保意识也日益提升。此外，与之配套的监督工作也交由村民完成，形成常态化社会化监管，如邻里环保习惯的相互监督、村民对外来游客文明行为的监督等。这些地方制度不仅推动杨村垃圾分类处理工作的顺利施行，还保证了村落环境保护的可持续性。杨村推行业主管理机制，体现了管理思路的改变，通过划小村庄管理范围，实现了管理制度村民定、管理人员村民选，破解了当前村庄长效管理模式的困局。

2012 年 10 月，杨村老年人协会取得安吉县民政局核发的社会团体法人登记证书，正式成为在民政系统下合法的社会团体。协会主要是组织老年人开展各项文体活动，举办各类知识讲座，维护老年人合法权益。目前已成立了门球队、地掷球队和民乐队三支队伍以丰富老年人的娱乐生活，开展了一系列服务老人、关爱老人的活动。为解决村中老人生活上的困难，村里制定了结对方案，让他们充分体会到村集体的温暖。每年邀请医生对全村老年人进行一次免费的全身检查，并为他们建立了健康档案；及时为到龄老年人办理老年证，随时请民政部门帮助办理；组织村级卫生服务站，开展老年人健康教育，必要时发放健康保健宣传知识宣传单，定期在公共地点、宣传栏内张贴老年人日常疾病预防及老年人保健内容，既使老年人学到了知识，又充实了精神生活。村老年人协会牵头，做好老年学校教育工作，订计划、抓落实，把老年教育与开展形势教育相结合；开展法制学习，将组织公民道德建设及城乡环境治理讲学相结合，收到明显效果。积极开展 2 个月一次的老党员、老干部、老同志学习，为他们上好课，课后让他们畅所欲言，聊家常，话政事。全天按时开放老年活动室、图书室、乒乓活动室、电视室、棋牌室。老年人协会常态化运转后，还组建了排舞队、腰鼓队、老年器乐队、球操队、锣鼓队、门球队等多个群众文化团体。老年人协会具备相当大的治理权限，尤其在遇到一些难以解决的乡村公共设施建设问题的时候，老年人不仅以实际行动支持村里建设，还积极动员子女支持村里的工作。

4. 制度约束

杨村内的所有大型工程项目、重大决策均采用“五议一审二公开”制度（详见图 5-3），指村党支部提议、村“两委”商议、党员大会审议、村民代表大会决议、群众公开评议，提交乡镇（街道）审核，最后将决定和结果进行公开。通过执行这一公共制度，对于村内所有项目的开发建设，党员、广大村民知晓率和参与度进一步提升，减少矛盾的产生，也能更好地发挥党员作用。以维护农民群众的根本利益为出发点，进一步健全民主决策机制，规范村级重大事项决策程序，村内重大事项都通过这样的民主方式进行决策，主要包括：(1) 本村经济和社会发展规划、村庄建设规划和年度重点工作计划的制订；(2) 村内年度财务预决算和日常管理中的重大财务支出；(3) 村集体经济项目的规划、立项、承包方案及有关资金的筹集，集体经济所得收益的分配使用；(4) 村集体土地、房屋等集体资产的处置、承包、拍卖、租赁和调整,征用、征收土地各项补偿费的分配和使用;(5) 村级道路、水利、自来水、文化、教育、卫生等公益事业建设的方案、经费筹集方案和建设承包方案;(6) 村民自治章程和村规民约的修订完善;(7) 其他涉及村集体和村民利益的重大事项。

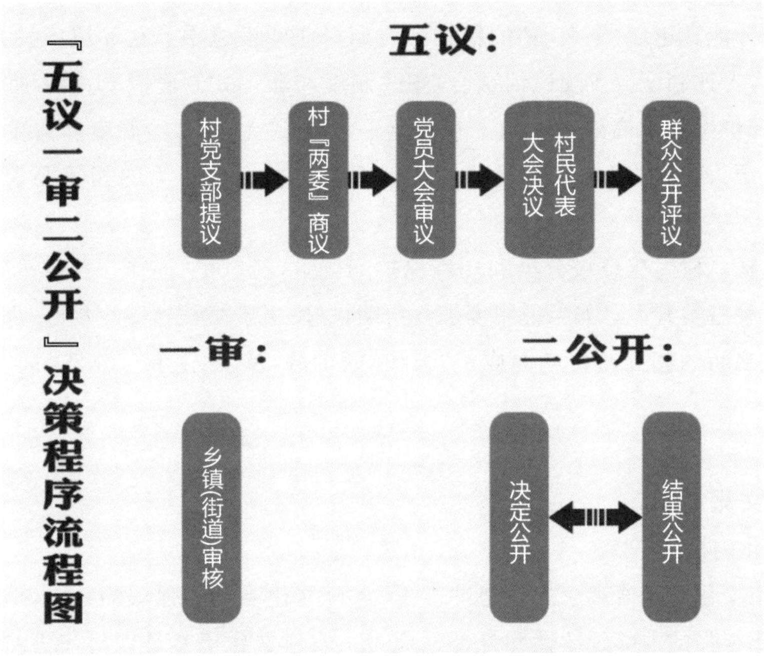

图 5-3　杨村“五议一审二公开”决策程序流程图

(根据杨村村“两委”提供的图片修改制作)

例如,2014 年美丽乡村精品示范村建设中自然村自来水工程、自然村“五线下地”、清洁能源替代、生活垃圾分类处理等项目都是通过该制度程序进行民主决策。村庄在项目的招标、建设乃至验收的工作中都发挥着实实在在的制度的监督功能,组织人员对工程项目、物资采购、劳务用工等环节全程监督,确保村“两委”行动的公开、公正以及公平性。此外,村庄还构建了网格化服务区,每个干部都有自己的网格小组,每年经常性开展走访活动,了解情况,解决问题。通过走访,了解村民当前存在的困难并及时予以解决,暂时不能解决的进行记录并上报街道。在制度的约束与激励下,村民的参与积极性被调动起来。

杨村在发展中,以实现人与自然和谐发展、两个文明和谐共进为目标,积极推行“民风工程”“帮扶工程”,社会风气日益良好,治安稳定,加强了村民的文化建设意识并极大丰富了群众的业余文化生活。杨村每月举办“田野故事会”“乡村大讲堂”“小城南风窗”等活动，邀请专家学者、金牌导游、老党员老干部等，切实讲好杨村在“改革开放四十年”中寻求人与自然和谐发展的故事。此外，村庄每季度开展“守护蓝天碧水，争当生态使者”活动，通过现场报名、任务攻关、评估考评等方式，号召村民、游客共守安吉生态公约，用自己的行动影响身边人。村庄内部形成了良好的村民风气，强化村民的社会责任意识、规则意识。只有当村民能够将自己的个体利益与村庄整体利益相关联时，他们才能真正以“主人翁”的精神参与到村庄建设之中。在环境保护方面，杨村通过将官方考评制度与乡规民约结合，正式制度与非正式制度嵌套，使村庄的垃圾治理和环境保护做到了高效和长效。在村落一级，建立村民自治制度和业主委员会制度，把垃圾源头分类、定点定时投放及其他规范村民卫生行为的相关要求纳入村规民约。

总之，杨村村民在垃圾分类和环境保护问题上，经过了“他律—自律—律他”的过程，形成一种基本共识。如果说制度推行初期，村民出于“面子”遵守规定，那么习惯的养成、邻里之间的相互监督就促成了“自律”的形成，从“山上有生态”走向“心中有生态”。

二、文化创新

1. 文化内核

在城市文化与价值观念的强势冲击下，乡村文化受到了强烈的冲击，但乡村社会仍然表现出很强的内部延续性和外部适应力。农村文化仍然是以村庄为基本的延续与发展单位，这种文化内核是村庄面对外部环境侵蚀却依然能够保留自身发展特色的关键所在。以农为本的时代，乡村文化具有天人合一的生产理念、家国同构的社会观念以及和为贵的处世之道（赵旭东 等，2017）。就其核心而言，乡村文化在面对外部主体时，通过发挥自身文化循环系统作用，将外部环境要素转化为自身发展的必要要素，即有针对性地对外部环境进行消化、选择和吸收。在这个过程中，村落凭借其强大的文化核心保持着自己的文化边界，外部因素被转化为自身存在的元素。文化内涵主要是在村庄共同体的基础上，基于血缘、地缘、政治和区域文化的集体记忆以及强烈的边界意识而形成的。这种文化让村里的空间边界和主体身份进一步加强，并实现了与外部世界的区别，凝聚了自身的文化力量，保留了其中的独特性和连续性。

除此之外，从村庄内部系统来讲，村民的日常生活、人际交往、风俗习惯等都会受到其文化内核的影响。村庄内部由于文化秩序的存在，往往会衍生出一种上下、内外的等级关系和支配关系，例如差序格局（费孝通，2007）、分利秩序（王海娟 等，2015）等，不仅仅体现在对内部成员社会交往的影响上，同时也直接对建设过程中内部资源的分配与使用产生影响。现代村落与外界的联系越来越紧密，文化的碰撞会促使村落寻找发展所需要的资源。在这一过程中，村庄的文化底蕴成为支撑其寻求外部政治、经济、社会力量支持的关键。

在城市文化不断深入乡村的背景下，例如市场资本逻辑的影响等，逐渐导致村民产生了功利化、理性化的价值认知和认同，出现了道德滑坡、生态环境被破坏等问题。乡村社会结构的变化和内部社会分化的加剧，导致社会关系网络的冷漠化和异化，乡村文化原有的凝聚价值被挤压。农民对乡村文化的情感疏离导致了乡村公共文化传承的断裂和消解。在城镇化进程中，能够发现很多村庄或是因为政策，或是因为“空心”等原因逐渐消失。农业生产和人口的消失，土地的浪费，古建筑的废弃，只是村落消失的外在表现。更深刻的是，乡村原有的农业生产生活方式、民间信仰习俗在传统与现代的碰撞中逐渐消失。许多村民不再像以往那样，能够在乡村文化活动中找寻共同的情感场域和交流载体，而是向往着现代文化活动和消费。乡村文化是支撑村庄多样化发展的内核，缺乏了文化内涵的支撑，乡村的多样性与丰富性将会受到极大程度的影响。针对乡村文化建设，安吉县在美丽乡村建设中着力解决了公共文化资源匮乏，基础设施不够健全，文化活动内容单一、形式简单等问题，制定了完善的政策引导机制，实现了文化交流的私人性扩展和延伸。以农家书屋、文化广场、活动室等为代表的现代乡村公共文化逐渐得到了村民的认同，激发了他们的参与兴趣与意愿，实现了公共文化活动的常态化开展。

农村文化作为一种村庄特质（陆益龙，2019），塑造者虽然是历史传统、地域环境、人文风情等宏观因素，但是真正的推动力量其实是以村民为主体的实践者，正是通过发挥他们的积极性与创造力，才使得农村文化仍然保留着生机。传统乡村文化是以农耕文化为基础的乡村文化，乡村社会是其基本载体。中华民族的传统文化根植于乡村社会，这种文化传承以乡村地域为空间。美丽乡村建设作为促进农村发展的一项系统工程，需要以乡村社区和传统文化的挖掘与再利用为重点。乡村文化中的各种文化元素，如物质存在、习俗规范、精神信仰等，通过积极引导往往可以转化为美丽乡村建设所需的资源元素。安吉县在农村文化建设中，始终将文化传承创新作为基本目标和手段，重视文化的内核作用。作为一种重要的实践基础和利用资源，农村文化建设往往决定着美丽乡村建设的开展模式以及最后的实践成效。安吉县在美丽乡村建设中，以多元文化为基础，实行差异化发展，最大限度地尊重村庄不同的文化传统与特点。美丽乡村建设虽然是政府自上而下主导实施的项目，但是安吉县在实践的过程中并没有完全依靠政府的强制力来推动，而是在政策执行的过程中不断进行调试，以尊重并适应不同乡镇、不同村庄的多样化文化传统。除此之外，农村文化有着自身独特的运转逻辑以及发展规律，在美丽乡村建设中要避免一刀切的方案，尤其是不能与当地的乡村文化发展相脱节。

2. 文化传承

美丽乡村建设作为一项涉及多个系统的战略工程，其中文化建设是乡村振兴的重要方面，也是解决基层社会主要矛盾的抓手之一。农村传统文化涉及“仁”“义”“诚”“敬”“孝”“忠”“礼”“和”等理念，这些理念本身就暗含着国家建设经济、政治、文化、环境等各个系统维度。这些观念不仅植根于传统乡村社会，同时也是与社会主义核心价值观相贯通的因素。村民在日常生活中，会在村庄的公共空间内进行社会交往与文化交流，这种交流形塑了村庄的公共文化空间，这也是乡土文化和智慧的集中体现。安吉县重视并支持农村公共文化空间建设，着力打造完善的公共文化服务体系，积极鼓励农村文化人才和非政府文化组织加入乡村文化建设，它不仅可以保护原始农村公共文化空间，而且可以为储备人才和农村文化的继承与发展创造空间。农村文化传承不仅是一项惠民的文化工程，而且在农村居民的文化福利和农村文化治理中发挥着独特的作用。为了在农村地区提高公共文化服务的效率，安吉县进一步优化基层公共文化资源的分配，并集中创设功能多和体验性强的不同类型的公共服务，整合信息服务、科学普及和文化娱乐等不同类型的宣传服务。当前乡村社会建设的重点除了要构建多类型的公共文化空间，同时也需要激发村庄的文化自主性。为了保证上述目标顺利实现，安吉县集中进行了制度创新，创新公共品供给模式和公共空间运行机制，进而形成了政府、市场以及乡村社会三方合力，尤其是鼓励探索制定吸引社会力量参与文化建设的政策。

安吉县各级政府在实践中充分关注基层群众的文化需求，通过政府主导、市场化运作、社会力量广泛参与的多方联动、多方协同的文化建设体制，在实践中建设一批个性化、综合性的农村公共文化空间。作为富有标本价值和典型意义的农村文化，在推动经济发展、保护生态环境以及推动乡村建设等方面发挥着独特作用。为了满足农民日益增长的精神文化需要和符合农村文化发展实际，浙江省委、省政府集中推动了“农村文化礼堂建设”。安吉县并没有将文化建设停留在“面子”工程建设上，而是将其作为农村文化建设的重要平台。安吉县整合各方力量，激活乡村文化资源，增强乡村文化功能。文化礼堂除了作为丰富村民文化生活、供村民娱乐的重要场所外，也是乡村文化传承的重要平台。在农村文化礼堂的活动中，村民们不仅能了解到身边好人和最美人物的先进事迹，同时也能参与农村精神文明创建和乡风评议活动。在农村文化礼堂中，村民不仅可以定期免费观看政府提供的电影、戏剧、非物质文化遗产表演等，还可以选择自己感兴趣的公共文化服务产品。文化礼堂要想真正发挥作用，就需要与村民的日常生活相结合，成为村庄历史、道德美德、时事政策等的宣传平台。此外，安吉县还将文化礼堂作为有效开发区域民间技艺、管理农村文化资源的重要场所。村民在文化礼堂可以自主选择自己需要的服务，大大扩展了礼堂的服务功能。文化礼堂定期举办村级活动，如村民自行设计、指导的活动，贴近群众生活、反映群众善举的活动。概言之，文化礼堂建设成为提高农民群众文明素质的关键平台，同时也极大地发挥了推进乡村移风易俗的功能。

总而言之，农村公共文化平台的构建为传承乡土文化、培育现代文化精神、保障农民文化权益和实现乡村文化治理打下了基础。农村文化的传承既具有人文道德价值，同时也是对千百年来乡村智慧和经验的传承。安吉县通过开展“拯救老屋行动”“乡村文脉重寻，诗词重吟”“手工艺传承”“乡村民俗节庆”“地方戏曲”等乡村文化复兴和乡愁重忆活动，让村民在对共同的民族传统、生活方式、文化精粹、人文精神的体验认知过程中，获得潜移默化的文化熏染，进而实现了对村庄历史文化的认同感，有助于提升村民们的文化自觉、文化自信和文化自强，进而激发文以化人、文以教人、文以成人的内在力量。

3. 文化创新

农村文化建设不仅仅是对传统文化的传承，更重要的是对文化的创新与再创造。文化系统就其内部而言，也不是一个封闭的系统，它有着文化生长的规律，这种规律在与内、外部环境的交流中，或延续，或创新。对文化传统的挖掘与再创造，正是农村在现代化过程中呈现差异化发展的关键。文化创新涉及历史记忆、文化认同、情感归属等要素，其目的是实现乡村文明的再生产，进而推动乡村持续发展。安吉县在推动农村文化传承的基础上，通过激发村庄的内生动力，实现乡村文化的推陈出新和与时俱进，进而能够适应新时代文化发展的需要。安吉县一方面重视对乡村传统优秀文化的挖掘，并努力使之和村庄文化基因与现代文明相融合、与现代社会相协调，另一方面也注重继续和发展相融合的过程，推动乡村文化的创造性转化和创新性发展(舒川根，2010)。

安吉县建立了完善的创新乡村文化振兴团队建设机制，在此基础上进一步培养了一批具有现代意识、创新意识，结构合理的高素质文化管理者和基层公共文化服务人才队伍。在文化创新人才培养方面，安吉县细化了农村文化人才标准，开展了农村文化人才评价认定。安吉县在全县范围内将各个乡镇、行政村的文化人才挖掘出来，并进一步赋予乡村文化人才更多的权利，让其成为推动乡村文化建设的关键力量。在挖掘地方文化人才的基础上，建立政府支持，市场化、多元化的农村文化人才培养体系，全方位、多渠道、多层次培养公共文化服务人才。安吉县配置和加强了县、乡、村三级基层文化干部队伍,解决了乡镇文化站缺乏专业人才的问题。此外,安吉县还实施了培养和引进双轨制,壮大了农村文化人才队伍。安吉县积极利用土地投资、土地流转、财政融资、优惠激励等优惠政策,吸引大学毕业生、社会各界人才回归农村,参与基层文化建设。志愿者队伍的作用也在参与的过程中得到进一步发挥。安吉县将退休党政干部、退休企事业单位工作者、返乡大中专学生等吸纳到乡村文化人才队伍中来,以此发展壮大乡村文化建设的志愿者队伍。为了保障人才对乡村文化建设的持续推动作用,安吉县制定了完善的乡村文化人才激励保障、绩效考核等配套政策。例如安吉县成立了乡村文化人才成长基金、制定实施乡村文化人才培养规划、出台乡村文化人才签约制度等,完善的制度体系的构建,提高了农村文化建设队伍的整体水平,这些对于推动农村文化大繁荣大发展至关重要。

安吉县在挖掘农村文化的过程中,能够把文化传承与其他资源相结合。乡村文化资源丰富,文化发展潜力巨大,这既是安吉美丽乡村建设的优势所在,又是安吉农村经济社会持续发展的关键。安吉县将传统村落的整体保护和可持续发展作为乡村文化建设的重点,在全县范围内积极保护和发展具有历史记忆的美丽村落。美丽与文化的结合成为乡村文化创新的关键突破点。在区域竞争日趋同质化的形势下,不同村落的文化底蕴成为村落应对外部挑战、培育农民身份认同感和乡土情感的载体。在县域内,安吉县将自然环境、农业景观与乡村文化活动有机结合,打造了一批生态与文化相结合的文化经营品牌。“竹文化”以安吉县原有的生态自然景观为基础,融合农、林、牧、渔生态平衡系统,如今已成为人与自然和谐共生的农业文化品牌。只有建立在独立文化个性基础上的经营,才是寻求树立生态文化品牌的突破口,进而提升文化产品的竞争力。安吉县在挖掘农村文化的过程中,尤为注重深挖,把一些文化资源重新利用起来,做好经营的文章,例如民间的竹文化、传统手工艺文化等,这样既增加了村民的收入,同时也让普通民众受到更好的文化熏陶,促使他们主动走进大山的深处,在接触自然和文化资源的过程中,培养保护山区文化资源的意识。安吉县将挖掘出来的文化资源与经济发展、环境保护进行了有效结合,推动村民积极主动地参与到农村文化建设之中。

安吉县着眼于提升公共文化服务均等化、标准化水平,精心塑造“美丽安吉文化风景”,精细布局优雅竹城“文化街景”“风情小镇”,整体推进具有典型示范作用和品牌引领价值的文化全景、文化风尚。在特色文化小镇建设中,既重视文化作为产业资源的运用,也突出文化的凝聚引领作用,以展示馆、文艺创作、文化活动等集中呈现相应文化类型,为农村文化建设赋予了源源不断的创新动力,注入文化之魂。杨村采用“因地制宜”“移步换景”的思路,充分利用本地自然环境生态优势和当地人文、历史、传说等资源,以李家自然村的房屋墙面、院落围廊作为创作载体,邀请专业3D艺术画设计制作团队进驻村里,进行3D艺术画的创作。这个团队里既有村、街道的相关专业人员,比如负责规划、设计、施工的工作人员,又有其他从事创作的艺术工作者。一幅幅栩栩如生的3D艺术画"跳"上了农房、围墙,包含了时空的渐变、孺子牛等十多个主题,将中国美丽乡村内在的自然诉求、人文关怀和现代3D画的表达方式及艺术趣味相结合,构成一幅幅雅致灵动的画面。此外,文化团队每周开展讲座,教导村民如何艺术地生活,村民也可以拿着家里的图纸找设计师帮忙设计。

总之,文化建设能引导村民树立正确的生态文明理念,建立先进的生产方式、健康文明的生活方式和科学的消费方式,同时也能提高农村生态文化的群众性、实用性、先进性。概言之,安吉县将乡村传承与保护和其他资源加以融合发展,既是贯彻新时代背景下对乡村文化建设的新要求,同时也是激发乡村内生发展的关键动力。

第六章 美丽乡村建设的回顾与展望

复杂系统内部的有序状态及系统间的结构功能整合最终决定了美丽乡村的发展、演替与升级。安吉县坚持以“两山”理念为指导，准确把握自然、经济和社会的发展趋势，积极实施“生态立县”发展战略，并以“全国生态文明建设试点”为契机，创造性地实施了美丽乡村建设项目。美丽乡村建设牵涉到多方主体的实际利益，同时也关系到经济、政治、文化、社会、生态环境等多方面因素的复杂互动。安吉县在统筹发展理念的指导下，将生态文明建设放到突出位置，统筹了经济建设、基层治理以及社会文化发展，进而实现了农村整体发展的大跨越。美丽乡村建设顺应了人民群众对美好生活的向往，并持续融入农村经济建设、政治建设、文化建设、社会建设各方面和全过程，既是对以往新农村建设内容和理念的全面优化，以及新农村建设水平的全面提升，也是乡村建设与发展的重大模式创新。这是一个既符合生态文明建设特征，又体现安吉特色的发展模式。

建设美丽乡村、保护美丽乡村、发展美丽乡村成为政府、市场、社会等不同主体的自觉行动。安吉县在美丽乡村建设中，借助政府的经济、政策资源输入以及职能转变与放权，优化了农村基层治理结构并提升了组织功能。与此同时，安吉县还在整合村庄内部的人际网络资源、凝聚村庄居民的共同体意识等的基础上，增强和激发了乡村社会的内在积极性与活力，既保障了国家在乡村社会地位的权威性以及治理的规范性，实现了国家自上而下的治理要求，同时也扩展了社会资源的功能，使其进行自我引导与挖掘，尤其是村民自治组织与村民主体的参与积极性被调动起来。安吉模式的核心特点就在于，基于政府的公共权威以及乡村社会拥有的自主权威，能够充分发挥制度保障、技术支撑与服务支持以及社会参与等要素的积极功能，避免了因政府主导治理所产生的行政管理失范以及治理成本高昂的问题，最终实现了经济、政治、文化、社会、生态环境系统之间的合作共赢、利益共享。总之，安吉县依靠内生的发展动力，倒逼政府进行职能转变、企业进行生态化转型，从而让美丽乡村获得了持续建设的动力。本章将重点对美丽乡村的价值定位、建设模式的多样性以及内生发展模式的构成要素与培育机制展开分析。

第一节
美丽乡村建设的价值与意义

美丽乡村建设既是安吉县生态文明建设的重要尝试，同时也是推动乡村振兴的关键举措，并最终给安吉县的发展带来经济、生态、文化等方面的极大的效益。美丽乡村建设既是美丽中国建设的重要组成部分，也是生态文明建设的关键观察点。伴随着城市化的发展和国家政策的引导，美丽乡村建设成为撬动安吉县经济社会转型升级与生态文明建设的一个重要支点。从发展的角度来看，美丽乡村建设是一个长期的过程，在这个过程中唯有符合社会发展需求和农民自身要求，建设成果才能保持长久的生命力。从这层意义来说，美丽乡村建设是一个不断调试，并寻求最优发展模式的过程。这里所说的最优发展并不是说标准化的发展，而是立足于村庄的实际情况，走出一条适合本村发展的独特模式。美丽乡村建设有着一般规律，需重视并培育乡村建设的内生性，发挥好乡村建设主体的主动性、积极性、创造性，引导和促进其与外部环境的发展和变迁形成良好适应。总之，美丽乡村建设具有必然性和长期性，建设的路径和模式具有多样性。因此，本节将从生态文明建设、美丽中国、乡村振兴等角度剖析美丽乡村建设的意义与价值定位。

一、生态文明建设的观察点

党的十八大以来，以习近平同志为核心的党中央注重用系统性、协调性和整体性观点指导全面改革，赋予了生态文明建设新的思想内涵，并将生态文明建设放在整个经济、政治、文化、社会等总体框架下来审视、筹划。生态文明建设的效果并不仅仅要看环境治理指标，更要看在经济、社会发展的过程中，生态文明建设是否与其他方面协同演进。任何时候理论的创新都离不开实践的发展，从这层意义上来说，安吉县的美丽乡村建设不仅仅是“两山”理念的实践样本，也是走生态文明建设内生发展之路的重大突破性探索。环境质量建设是美丽乡村建设的基础性工程。习近平同志在安吉县提出“两山”理念，正是看到乡村发展中环境保护与经济发展之间的内在联系。安吉县在解决严峻的生态环境难题的同时，找到了一条通向中国特色社会主义的人与自然、社会与自然关系新构型的现实道路，并为农村社会的整体发展打下了坚实的基础。生态文明建设的难点与痛点并不在于治理具体的环境问题，而是真正找到一个让生态文明内生发展的模式。安吉县的美丽乡村建设将环境质量建设放在基础的地位，体现出了安吉县发展观的变迁与超越，为中国经济转型和升级开拓了新空间，提供了新思路。安吉县以美丽乡村建设为契机，自觉将生态修复和环境保护作为美丽乡村建设的基础性工程，与此同时，兼顾村民生产生活、产业发展、生态优化、文化传承的多种要求，将生态文明建设真正落实到了经济建设、政治建设、文化建设、社会建设的全过程之中。可以说，安吉县的美丽乡村建设，为农村平衡好经济发展与环境保护提供了样本，更为生态文明建设的制度实践指引了方向。

“美丽乡村建设”是党的十八大提出的“美丽中国建设”的基础和前提。2015年中央一号文件《中共中央 国务院关于加大改革创新力度 加快农业现代化建设的若干意见》明确提出的“中国要富，农民必须富”“中国要美，农村必须美”，这体现了党和国家从顶层设计层面更加坚定了乡村发展模式的转型。“美丽中国”美在环境、美在人文、美在社会，是建立在生态文明基础上的生态和谐整体之美，这标志着党对生态文明建设在新的历史高度所作出的新判断、新思考、新要求，也标志着党执政理念的重大发展。“美丽中国”理念的提出是从“五位一体”总体布局出发，以生态文明建设为基础，将生态文明建设融入经济建设、政治建设、文化建设和社会建设之中，实现中华民族的永续发展。构建“美丽中国”的过程中需审视生态问题（柳兰芳，2013），如果人与自然关系解决不好，不仅会造成人与自然关系的失衡，还影响到人的全面发展。美丽中国既要求社会之美，也要求自然之美，既要求城市之美，也要求乡村之美。美丽乡村是美丽中国建设的重要组成部分，美丽中国建设的重点和难点在乡村，而美丽中国又是美丽乡村建设的最终目标和归宿。安吉县美丽乡村建设所取得的成果，是美丽中国的奋斗目标在农村经历曲折探索并最终达成的体现，体现了美丽中国深刻的生态内涵。安吉县通过发展绿色农业、创新生态工业等方式实现发展的平衡性、协调性和可持续性，将“两山”理念贯穿美丽乡村建设全过程，重塑乡村生态优势，使农村真正走上生产发展、生活富裕、生态良好的文明发展之路。概言之，美丽乡村建设在实践中培育了市场、社会等主体的功能，并将推进生态文明建设作为一个贯穿始终并且其标准将不断提升的一项基础性任务，进而为美丽中国建设打下了最坚实的基础。

二、乡村振兴战略的重要组成部分

美丽乡村建设作为统筹城乡发展的一项举措，有助于破解农村发展不平衡不充分的现实问题。党的十九大提出我国社会主要矛盾已经转化为“人民日益增长的美好生活需要和不平衡不充分的发展之间的矛盾”。我国改革开放和社会主义现代化建设取得了历史性成就，农村的经济发展水平得到显著提高，在这一过程中，虽然城乡差距在缩小，但是城乡发展不平衡仍是我国发展最大的不平衡、农村发展不充分仍是我国发展最大的不充分。乡村振兴战略的提出，正是因为看到了城乡收入差距、公共服务差距、农村基础设施薄弱、乡村衰败严重甚至消失等现实问题，尤其是部分地区农村环境污染严重，这就对乡村社会的可持续发展造成了很大的压力。乡村发展问题成为实现中华民族伟大复兴的最大制约和突出短板，甚至可能会影响到我国对社会主义现代化强国的目标的进一步落实。中国国情和历史文化传统决定了中国不可能走西方工业化进程中城市替代乡村的道路，更不会让几千年农耕文明终结。安吉县的美丽乡村建设，为中国的乡村振兴道路开创了一个新的城乡统筹发展的模式。中华民族文明的根在乡村，安吉县的美丽乡村建设着眼于城乡统筹发展，走和谐共生的道路。在具体的建设中，安吉县顺应生态休闲旅游与绿色消费需求潮流，树立“经营村庄”的理念，依托绿水青山、乡土人文，大力发展生态农业、生态工业、生态旅游。随着美丽乡村建设的不断深入，乡村优美的生态环境资源转化为源源不断的绿色经济收入，并形成生态经济化、经济生态化的良性循环。美丽乡村建设提升了农村的经济发展水平，绿色经济反过来又助推了乡村整体的发展层次和水平。

美丽乡村建设是实施乡村振兴战略的助推器。乡村振兴战略明确提出了农村人居环境明显改善，农村生态环境明显好转（2020 年）、农村生态环境根本好转（2035 年）以及“农业强、农村美、农民富”（2050 年）“三步走”的路线图。《农村人居环境整治三年行动方案》也明确提出“改善农村人居环境，建设美丽宜居乡村，是实施乡村振兴战略的一项重要任务”。美丽乡村建设是为了回应农民群众对“美丽乡村”的殷切期待，充分说明了党对农民群众对美好生活的向往的精准把握和积极回应。乡村建设并非一定是以牺牲环境为代价的，相反，良好的生态环境为产业发展、生活富裕、乡风文明、治理有效创造了前提条件。从这层意义上来说，乡村振兴战略正是对美丽乡村建设的继承与发展。城乡统筹重点在“乡”，难点在“统”，城乡统筹重在顶层设计与规划引领，要始终坚持把城市和乡村作为统一整体，要扭转重城市、轻乡村的建设倾向，真正实现农村建设与城镇化发展双轮驱动（黄渊基 等，2017）。安吉县在建设美丽乡村的过程中，始终把统筹城乡发展作为缩小城乡差距的有效途径，统筹城乡规划与建设投入，重点加大向农村倾斜力度:统筹城乡产业发展,培育壮大农村特色产业集群,促进农民就业增收;统筹城乡社会事业,推进公共服务、社会保障向农村延伸;统筹工业化、信息化、城镇化和农业现代化同步发展,改变了农村面貌,繁荣了农村市场,推动了农村社会发展。概言之,美丽乡村建设不但能够真正保护好自然环境与人文风貌,而且能够通过统筹规划使农村重新成为“望得见山,看得见水,记得住乡愁”的承载者,进而吸引人才、技术的回归,这样才能真正让乡村社会实现全方位的振兴。

第二节
美丽乡村建设模式的多样性

由于受到现实国情、社会文化、历史传统等因素的影响，我国的现代化道路是一条不同于西方的现代化道路。我国的美丽乡村建设模式亦是如此，不同地区的村庄都有着自己独有的发展脉络和现实逻辑。“当代中国社会变迁最为显著的特殊性在于，这是拥有数千年文化传统的社会巨变，是具有超大规模人口的社会巨变，是在与发达国家相比落后很多的基础上的社会巨变。而且，这种巨变的速度之快、规模之大、程度之深、影响之广，世所罕见。”(洪大用，2019)安吉县在美丽乡村建设过程中，始终以“两山”理念为指导，在厘清并区分政府、市场以及社会等治理主体的权力、责任和能力的基础上，有效地将涉及农村环境公共利益的相关主体以及各种治理资源结合在一起，实现了农村发展的稳定性与持续性。与此同时，应看到较高的经济发展水平、优越的区域地理环境以及长达20年的生态文明建设实践，是安吉县持续推进美丽乡村建设的重要基础。本节将重点论述美丽乡村建设的时空维度，以及乡村建设的共性与个性，以便为全国其他地区的乡村建设提供良好的借鉴与指导。

一、美丽乡村建设的时空维度

美丽乡村建设并不是一蹴而就的，而是一个需要长期积累的建设过程。习近平同志在安吉县调研时提出的“绿水青山就是金山银山”的理念，很好地诠释了乡村发展的阶段性特征。“两山”理念科学揭示了实现人与自然、经济与社会、经济发展与生态建设的和谐之路。大体来讲，“金山银山”与“绿水青山”主要经过三个阶段的实践与认识过程：第一阶段，在乡村发展过程中用绿水青山去换金山银山，尤其是一些具有先发区位优势、自然优势和产业优势的村庄利用自身的资源优势，走了一条粗放式工业发展的道路，最后换来的是经济的短暂增长以及生态环境的不断恶化；第二个阶段，乡村建设为了实现可持续性，开始进入到宁要绿水青山、不换金山银山的阶段，粗放型工业经济的发展让村庄自身深刻领悟到环境保护的重要性，开始着力推动经济发展转型；第三个阶段，乡村发展讲究既有绿水青山，也有金山银山，寻求经济发展与环境保护的协同演进、整体发展，成为现阶段村庄的普遍诉求。整体来看，“生态文明建设是一个不断趋近的历史过程。在一定意义上，生态文明建设有方向标，却无时间表，是一个持续地寻求人与自然和谐相处的社会进程”（洪大用，2013）。美丽乡村建设的探索过程，本质上就是实践“两山”理念的道路，实现人与自然、经济与社会协调发展的过程。

美丽乡村建设本身也是一个政策调适的过程。受到路径依赖、发展惯性、利益集团或国际环境的影响，由城市优先转向乡村优先的过程本身会使城乡面临严重的阶段转换界面障碍。农业竞争力弱、农村衰败、城市贫民增多等问题的出现，需要政府宏观调节并引导要素流向农业农村，尤其是从发展战略层面更加主动地调整工农和城乡关系。2004 年至今，连续 18 年的中央一号文件都聚焦于“三农”问题，加大对农业农村的扶持力度，这对推动农村发展起到了关键作用。在以往的政策执行过程中，由于体制机制不完善，农村建设依然延续着以城市为中心的建设思路，试图用城镇化的思路破解农村问题，造成农村失去了自身的能动性与自主性。从新农村建设到美丽乡村建设再到乡村振兴战略，党和国家对涉农政策进行阶段性调整，正是因为看到了乡村建设的长期性与复杂性，也是认识到了城乡关系变化特征和现代化建设规律，体现了历史与现实的统一。安吉县探索美丽乡村建设，没有现成的模式和经验可以借鉴，而是经过了长达 20 年的艰苦探索和长期努力。在这样的探索过程中认识到美丽乡村建设的长期性与曲折性，有助于党和国家在推动农村发展中既关注当代人的利益，又着眼于未来的发展。因此，从时间维度来看，美丽乡村建设更多是要在遵循客观规律的基础上，构建以自我再生能力为主要方向的内生性发展，这种内生性是建设现代化的必然要求，同时也是新时代乡村发展的新动力。

从空间的角度来看，中国地域辽阔，由于各地区环境和条件的不同，各地农村不同程度地存在着发展水平上的差异，这意味着农村必须要用区域统筹发展的眼光来推动美丽乡村建设。“两山”理念其实也暗含了区域协调发展的思想，不同地区、不同的发展条件要采取不同的发展方式。欠发达地区在乡村建设初期要保持“宁要绿水青山，不要金山银山”的生态定力，后期要以实现“绿水青山就是金山银山”的可持续发展理念为目标。从这层意义上来看，发达地区与欠发达地区的农村发展要进行统筹协调，尤其是通过发挥发达地区在资金、技术、项目等一系列方面的优势条件，对欠发达地区进行帮扶，从而实现区域间的协调发展。美丽乡村建设从安吉县走向全国，本身也是空间上的延伸。改革开放以后，农村社会逐渐获得了自我发展和自主管理的权利，这种情况下不同地区涌现出了不同的发展模式。美丽乡村建设从典型示范向全国乡村的推广，从典型到普遍，这个过程能够反映中国乡村建设的整体变迁。总而言之，相较于传统时期而言，农村社会的区域差异，无论是在发展水平和程度上，还是在发展模式和方式上都存在明显的差异性，再加上资源、环境、人力资本、社会资本的影响，区域差异愈发明显。经济社会发展水平和模式的不同，将导致乡村发展出现多类村庄并存、村庄结构多样化的格局。因此，在推动美丽乡村建设的过程中，需要从空间层面对农村社会结构进行分析，分析不同村庄的发展结构与过程，进而实现乡村整体的协调发展。

二、美丽乡村建设的共性与个性

乡村建设采用标准化的手段进行，会在一定程度上忽视乡村本身的社会主体性与多样性。自上而下的科层制压力和村庄的自主发展能力是乡村发展中影响政府部门决策和资源分配的两种力量。乡村发展与建设必然具有一定的共性，因此国家会通过树立典型的方式总结乡村建设的一般性经验，但过多地运用共性的经验对村庄进行标准化改造，可能会抹杀乡村文化地域性、多样性的特点，造成同质化的结果。一些地方政府在执行中央政策的过程中，缺乏一定的灵活性，用照本宣科的办法进行建设，导致一些项目未能真正地迎合农民的需要。各个村庄由于自然环境、人文环境的差异，假如在乡村建设中单纯依靠政府的力量进行建设，很可能各个村庄都只能按照统一的标准、统一的要求来提供资源，最终可能导致资源利用效率低下，政策执行的结果出现偏差(陆益龙，2019)。在农村建设中，由于受到公共服务供给的科层化逻辑和乡村社会自主性等问题的影响，政府部门很难准确地获知各个村庄多样化的需求和民众多元化的偏好，从而可能会在巨大的行政压力和地方政府竞争条件的激励下，将有限的资源向基础条件好的村庄集中倾斜，最终导致政府公共服务和产品的低效供给。改革开放以来，全国各地涌现出的灵活多样的发展模式，也表明了乡村自身的力量是影响其发展模式的关键，内生力量强的村庄不仅与政府寻求政绩的偏好相契合，而且村庄精英本身就具备很强的资源动员能力，可以通过政府和社会等多元化途径寻求支持。

美丽乡村建设需立足于各自的历史传统、人文积淀、资源禀赋、地形地貌等基础条件，构建集经济、政治、文化、社会、生态环境于一体的系统工程。安吉县在推动美丽乡村建设的过程中，积极鼓励各个村庄因地制宜地展开项目建设。村庄可用于发展的资源优势主要有：自然资源、历史文化、区域优势、典型示范等。自然资源丰富的村庄，主要是指村庄具有特定的农业种植条件、工业生产原料以及独具优势的自然环境等；历史文化村是指村庄拥有丰富的历史文化传统或人文资源，能够用于发展旅游产业；区位优势村则是村庄所处的地理位置十分优越，大多都是靠近城市的城郊村；典型示范村是指村庄能够凭借自身的政治地位获得来自政府的项目支持与关照。每个地方都有自己的区域特色，应立足于乡村实际，形成“一村一品”的格局。安吉县在美丽乡村建设中，坚持共性与个性相统一的标准。在共性方面，安吉县把全县作为一个大乡村、大景区来规划建设、管理和经营，注重与县域经济发展结合起来进行总体规划，先后编制《安吉县建设“美丽乡村”行动纲要》《安吉县“美丽乡村”建设总体规划》等一系列县域空间规划和产业布局规划，全力探索和推进标准体系建设，创造性地设定“中国美丽乡村”建设36项考核指标，并上升为全国新农村建设的标准。《美丽乡村建设指南》中的国家标准突出普适性、指导性、引领性、实用性、兼容性，但也突出了因地制宜、突出特色、差异化发展的建设思路，从而为乡村个性化发展预留了自由发挥的空间。

在村落转型的时代背景下，基于安吉县美丽乡村建设的成功经验，不难窥出，标准化指导与个性化发展构成了共同建设美丽乡村的内在机理。每一种模式代表了不同自然资源禀赋、社会经济发展水平、产业发展特点以及社会文化特征条件下的美丽乡村建设路径。这些模式的分类和总结，对全国建设美丽乡村的路径选择具有重要的指导意义，也从侧面说明了美丽乡村“差别化”建设的必要性。

第三节
培育内生性：安吉模式的内核

乡村发展除了需要外部主体的支撑，更为关键的是重视乡村的主体性。日本学者鹤见和子明确内发性发展是指一种实现人类共通目标的途径、模式及其形式多样的社会变化过程（鹤见和子，1996：9），这种发展观强调“第三世界各国摆脱西方现代性的价值尺度，拒绝西方主流的现代化道路，选择一条尊重各民族自己的历史文化传统”（周穗明，2003）。内生性发展相较外生发展模式而言，关注到了村庄主体的功能与作用，认为乡村现代化的关键是要激活村庄内生的发展动力。安吉县的美丽乡村建设之路，诠释了内生发展之美。就我国乡村社会的实际情况而言，“要破除所谓最优模式的预设，而注重‘最适模式’的总结；要注重不同治理模式之间的交流，而不是简单地推广移植某种治理模式”（洪大用，2017b）。至于什么样的模式更加有效，关键要看是否遵循以“以增进人民福利为依归”（洪大用 等，2016）和组织化保障这两个基本原则。安吉县的美丽乡村建设把握了生态文明建设的时代趋势，推动了城乡融合发展的进程，在整体规划的基础上突出了乡村发展的个性，尤其是充分发挥创建主体的积极性，激发出美丽乡村建设的内在动力。

内生发展更加强调从农村环境和农民生产生活出发，做到经济、政治、文化、社会、生态环境之间的协同发展。安吉县从外部为农村发展构建了社区发展体制机制、有关政策法规等宏观系统，与此同时，村庄主体在不断摸索与反复尝试，找到一条符合本村生产、生活特点的发展路径。通过内生发展之路，安吉县不仅缩小了城乡之间发展的差距，而且也为村庄的可持续发展创造了制度保障和长效机制，实现了生态效益、经济效益与社会效益的共赢。概言之，安吉县将美丽乡村建设作为推动乡村发展的主要载体和制度延伸，通过激发乡村主体的内生发展动力，倒逼农村生产方式、生活方式、建设方式转型升级，打造外延式建设和内生式发展并重的发展模式。本节将着重从统筹发展理念、主体力量的培育、内生机制的构建这三方面剖析安吉模式的核心构成要素。

一、统筹发展的理念

进入21世纪后,国家加大了向乡村反馈资源的力度,同时市场也在牵引着乡村发展,而且随着信息技术的发展,乡村与外部社会的联系也日益紧密。各个不同系统之间的复杂互动关系,共同作用于乡村发展场域。当这些系统能够协同演进的时候,乡村往往能够获得稳定发展,而当系统之间出现不协调的情况时,乡村发展很可能面临失序的情况。美丽乡村建设不仅需要不同主体之间的合作,更关键是要统筹好环境建设、经济增长、基层治理以及社会文化发展之间的关系。乡村发展的根本目的是实现农村经济社会持续发展,进而让农村的整体发展水平得到显著提升,满足农民对美好生活的向往。农村社会系统有着自身内在的运转规律和特殊的行动逻辑,当政治、经济、外部社会等系统进行互动时,内部系统具备了根据外部环境的输入状况对自身结构作出适应性调整的可能性。内生式发展并不是排除政府、市场等外部主体的作用,相反是在尊重乡村自身主体性地位的基础上,立足于自身的实际情况,有选择性地消化、吸收外部的资源,用于推动自身发展。美丽乡村建设的实践就是在一定的时空条件下让各个系统之间能够实现动态平衡,这种建设理念不仅仅是从环境质量建设的角度出发,还要从乡村社会主体的角度出发,在农村经济、社会、文化等背景中去统筹思考乡村发展问题,进而找到一条符合农村特点的发展道路。安吉模式提醒我们,乡村发展与经济发展方式、社会结构变化、地方文化传承等维度都有着紧密联系,需要全面、系统地去思考不同类型的发展方式(吴理财 等,2014)。

不同村庄进行美丽乡村建设需要解决的重点问题不同,乡村建设不能忽视建设规律和周期,更不能着重在某一个系统内,而要统筹兼顾,在各个系统之间找到一个最佳平衡点,充分发挥乡村自身的主体性作用。在安吉县杨村自主展开环境治理的过程中,杨村既需要处理好与生态环境的关系,同时也涉及再造村庄内部结构的问题。在发展的过程中,随着村庄自然环境与人文环境的不断改善,这些环境优势吸引了越来越多的市场因素进入村庄,而且这些资本直接助推了村庄生态旅游以及生态有机农业的快速发展。生态环境反哺村庄的种种生态红利,反过来又对村庄发展与治理起到了促进作用。此外,乡村建设议题不仅仅包含对生态环境系统的保护,同时也涉及村庄社会系统的再调整。当前许多地方仍按照专业化、规范化及指标化的技术治理模式来解决村庄的环境问题,此类治理模式不仅忽视了村庄社会系统所具有的变通性、乡土性和非量化性等特征,同时也直接割裂了村庄社会系统与外部系统的密切关联。从杨村的发展实践来看,随着生态保护观念的广泛普及和环境整治工程的不断落实,村民不用再忍受垃圾围村、水土污染等问题,村民生活质量与环境意识得到明显改善与提升,这些实践最终实现了杨村政治、经济、生态、社会效益的和谐统一。

从乡村这个大系统来看，乡村是以文化要素为灵魂，包含着经济、政治、社会、生态体系的复杂系统。村庄作为一个社会系统，与地区的经济、政治、文化乃至外部大环境都是一个密不可分的整体。当各个系统能够高效协同地运转时，村庄社会系统就能在与外部环境互动的过程中，提升整个乡村社会抗风险与自我发展的内生能力。农村环境污染问题因村庄内所具有的污染源小而多、污染面广而散的特征而成为治理难题，在治理实践中，杨村通过发挥村庄在治理中的主体性作用，不仅实现了村庄社会系统与环境系统的良性互动，同时也通过积极调动内部的社会资源与关系网络改变了村庄的社会结构，最终有效地提升了村庄的环境治理效果。优越的自然与人文环境反过来吸引了大量的资金、游客进村，使得村庄及村民真正享受到环境治理的成果，村庄逐渐实现经济、生态、社会三大效益的和谐统一。

总而言之，理念层面的转变是农村发展模式转型的重要基础，只有用统筹发展的理念，协调好经济、政治、文化、社会、生态环境等系统的复杂关系，才能让乡村保持健康、稳定的可持续发展状态。作为一个共同体系统，村庄社会系统与生态环境、政治制度等系统的互动往往更为紧密，这就在客观上赋予了村庄在发展中的决定权与行动权，这将有助于村庄因地制宜地引导、鼓励、协调各方力量作用于村庄发展。

二、主体力量的培育

实现内生发展的关键在于主体力量的培育。乡村发展涉及政府、企业、村庄以及村民等不同主体的实际利益，这些主体对于内生发展模式的构建都起到了关键作用。改革开放以来，我国农村改革的成功经验，就是坚持农民主体地位，尊重群众首创精神，集中农民群众的智慧，调动农民群体积极性、主动性和创造性。通常而言，影响农民参与力量的主要因素有社会基础与国家体制两个方面。一方面，国家层面压力型体制导致村民自治制度流于形式，制度化的自下而上的民主参与轨道并未建立起来（李祖佩，2012），另一方面，组织程度低、村民权利意识高于义务观念、人员外出等因素也让村民参与缺乏了社会基础（肖唐镖，2014），但这两个角度其实都是指出村民参与冷漠的背后更多是因为缺乏参与理念的支撑。因此，要从农民群体最关心、最现实、最迫切需要解决的问题入手，真正保障好村民的切身利益，才有可能推动村民由“形式参与”走向“实质参与”（胡溢轩，2017）。安吉县在推动美丽乡村建设过程中，尤为注重激发社会力量的自我引导。市民环保检查团、生态文明宣讲团等团体自发、自觉地深入到农村传播环境保护的观念，降低了政府与社会彼此协同的成本。“以人民为中心”的思想落实到环境保护领域，就是对农民环境权利的尊重与维护，这种发展理念能有效地将政府的发展意愿与农民的环保诉求串联起来，增强社会的认同感、归属感和凝聚力。乡村具有和农民情感联系较为紧密的天然优势，发挥村庄共同体情感，并在日常生活中实现彼此之间的自我监督，这些都是培育农民参与能力的重要前提。

《中共中央 国务院关于实施乡村振兴战略的意见》基本原则之一是坚持农民主体地位，“充分尊重农民意愿，切实发挥农民在乡村振兴中的主体作用，调动亿万农民的积极性、主动性、创造性，把维护农民群众根本利益、促进农民共同富裕作为出发点和落脚点，促进农民持续增收，不断提升农民的获得感、幸福感、安全感”。杨村通过召开村民代表会、户主会、党员会议等形式认真征求村民意见和建议，深入宣传复评工作的重要性和现实意义，充分发动村民积极主动地投身村庄建设，使广大村民成为参与者、受益者，掀起全民参与、群策群力的群众创建热潮。在安吉县，在杨村，这不是一句空话。老百姓对利益的追求是推动美丽乡村建设的动力，只有站在老百姓的角度，了解他们在想什么，推行顺乎民心的政策，才能调动最广大民众的积极性，为公众参与打下基础，才能取得环境保护与经济发展双赢的局面。

作为连接政府与农民关键的村“两委”组织，一方面需要处理好与基层政府的关系，在进行乡村建设过程中接受基层政府的指导和监督，另一方面要以农村社会需求为导向调适自身的角色和功能。在现代行政体系的运作逻辑中，村“两委”组织在土地管理、社会救助等方面的确需要承担协助基层政府治理的职责，虽然不具有正式行政结构中的组织身份，他们在实际上已经扮演着政府“代言人”的角色，例如村干部的坐班制，定期向乡镇党委、政府汇报工作，接受绩效考核等（王丽惠，2015）。税费改革后，由于可以自主使用的治理资源减少，村庄失去了主动承担治理及发展职责的主观动机，导致不少村级组织凝聚力和战斗堡垒作用下降，村干部消极“撞钟”的行为时有发生（印子，2014），例如求简、求便、开小差和逃避责任等。无论是村党支部还是村民委员会，都是扎根于基层社会的组织，这就决定了村级组织需要更多地承担起服务乡村社会的职责。村级党支部应承担起在村庄内部治理中组织领导者的角色，确保在党的领导下村庄能够保持正确的发展方向，同时还需优化村党支部班子和党员队伍，做到定期吸纳各类村庄精英入党。村民委员会作为乡村治理的具体执行者，也是村民的当家人，在处理村庄日常事务时，要及时了解并回应村民的各项利益诉求，确保村民的正当利益得到维护和实现。村级组织在承接和分配国家资源的过程中要因地制宜、灵活定位自身的角色和功能，尤其需要在提升组织管理能力和资源动员能力的基础上，主动去凝聚、调动和配置资源进行乡村建设。

安吉县美丽乡村建设的实践启示我们，一个强有力的基层领导班子，尤其是强大的基层党组织是保障乡村建设的关键。杨村的发展与几届村委主要领导的魄力与胆识密不可分。那么，如何保障村级领导班子始终处于改革的前列？仅仅依赖村庄能人是不够的，必须要回归到产生强有力村“两委”班子的制度设置中。杨村在党政引领中提出了诸多的制度设置，比如四诺履职、党支部书记责任清单、党组织工作制度等，这些制度还在实践中不断改进与完善。这些制度有助于优秀的村“两委”班子工作的运行。在村党支部成员班子选拔机制设置方面，乡镇要强化指导，尤其是在村支书的人选方面要充分考察、调研，使得优秀的党员能够脱颖而出。在退出机制方面，村党支部也要注意一些新的现象，比如典型村庄的村“两委”班子成员的培育问题，要谨防出现老支书、老村主任退出后，村“两委”班子接不上、顶不牢等问题。在村党支部班子成员培养中，要注意老中青干部的配置，要引进有学历的年轻人担当大任。在特殊的情况下，也可以从乡镇联村干部中选拔优秀人才担任村党组织第一书记。

政府部门在环境治理中需扮演好协调者与监督者的角色。美丽乡村建设是一项系统工程，需要各部门整体联动，各负其责，形成合力。因此，在坚持党委的绝对领导地位的同时，需明确政府不同层级之间的职责定位，理顺各自责权关系，既要避免不同层级之间的职权交叉，造成政府管理的错位和越位，影响工作的开展，又要避免权责出现“真空”，避免“九龙治水水不治”的困局。乡村建设的关键在于政府行政权力的渗入程度、效用边界和路径选择，尤其是需要转变职能并确立服务地方经济社会发展的治理思路。地方政府处于多元行动主体所形成的关系网络中心，它将追求政绩与逐利的主体性逻辑嵌入到项目的运作过程中（荀丽丽 等，2007）。安吉县环境治理模式成功转型的关键，就在于政府主动吸纳市场、社会参与到乡村建设之中，但这并不是意味着政府的退出，相反，地方政府仍然需对市场主体保持常态化的监督，并加大对环境保护非政府组织等社会主体的支持力度。基层政府要以建设服务型政府为目标，不断完善民主决策的程序，坚持集体决策、科学决策的基本原则，同时改革既有的僵化行政流程，增强政府的开放性和回应性，在行政体系内部开辟一条自下而上的乡村衔接国家的上行通道。更为重要的是，乡镇政府应避免过度插手村庄事务，尊重村庄的地方性文化，通过以村庄的实际需求为导向分配资源，赋予村庄以自主的行动空间，以此激活村庄的内在发展活力。总之，政府只需在宏观上把握乡村发展的总体方向，在使其不偏离国家层面制度安排的前提下，充分尊重乡村社会的主体性地位，从而实现国家引导下的乡村内生性发展。

除此之外，市场则承担着辅助者的角色。在美丽乡村建设中，市场主体应加强在相关领域的科研开发力度与自主创新能力，以满足政府与乡村社会的发展需求。市场主体一方面需要为乡村发展提供更多的技术、资金、服务支持，同时也要承担为监督和治理提供信息和情报的职责。拥有核心技术的企业作为最重要的市场参与主体，不应只以利益最大化为行动原则，而需更多地承担并履行自身的社会职责。企业应在充分尊重价格机制和供求关系的基础上，自发、自主地投入更多的技术与资金用于解决乡村发展难题。

三、内生机制的构建

内生发展模式的关键就在于内生机制的构建。

首先是利益协调机制、激励机制与信息共享机制。利益协调机制的构建能够让各个主体之间的利益和动机得到常态化的沟通与协调，在一定程度上避免主体之间因权力交错和利益冲突而产生的协调困难，从而推动乡村发展走向行政化、市场化和社会化并驾齐驱的发展道路。市场化引入了竞争机制，从而有助于改变政府对乡村发展主导权的垄断，同时能促使政府变革现有的发展方式，在这个过程中，乡村社会也必然获得了更多的选择权。社会化则意味着主导权向社会主体转移，这为村民与村民自治组织争取了更多的参与协商民主的机会与渠道。建构激励监督机制有助于政府、市场与社会的持续、规范参与。政府部门主要是通过项目配套和“以奖代补”的形式促进乡镇村街努力改善生态环境。比如，安吉县对生活垃圾、生活污水处理等项目，确保补助资金占总投入的50%以上；对中国美丽乡村创建考核评定为精品村、重点村和特色村的，分别给予300万、200万、150万不等的奖励。政府、市场与社会应充分明确各自的权利、责任和义务，构建三方协同监管机制，以便增强乡村建设过程中监测数据和治理成效的公信力和透明度。信息公开的不透明、不彻底不仅会影响到协同共治的发生，同时也是引发干群矛盾的导火索。因此，为了保证和维持发展模式的可持续性，必须厘清各主体在发展机制中对相关信息的需求与掌握程度。此外，互联网技术的广泛普及也为不同主体进行平等协商与共同发展创造了条件。政府、市场、社会应主动连接其他主体，搭建开放共享的乡村信息获取渠道和常态化的交流平台，以满足不同主体的信息需求，从而保障协同发展的长效性。

其次是政策工具的多元化机制。政策工具的单一化会影响发展资源的有效整合。内生发展需有一套完整配套且兼备可操作性的政策工具体系。首先要强化政策工具的供给力度。乡村发展政策网络系统的构建，既是保障乡村发展体系稳定运行的关键，同时也是协同治理机制发挥作用的前提条件。全国不少农村地区在实践中央政策的过程中，制定并开展了一些地方性政策与试点工作，但这些政策往往缺乏其他配套政策的支撑，从而失去了在可推广性等方面的价值。与此同时，政府还要加大向市场倾斜的政策供给力度，利用政策创新开拓乡村发展多元融资渠道，为专业的市场企业或非营利服务型组织的介入提供政策保障，在降低社会和经济成本的情况下实现农村发展资源的集中化、科学化配置，引入技术性与自愿性工具供给。乡村发展难题很难单纯依靠政策工具来解决，这就需要有相关专业技术的支撑。技术工具的合理运用是乡村发展的依托和条件，即在解决具体问题的过程中应以技术为先行条件，以专业化市场服务主体为依托。自愿性工具主要是指广大村民通过强化自身的主体意识，改变不利于村庄发展的生活生产方式并参与到乡村建设的各项议程之中。作为社会主体的农民个人、社会组织乃至村民自治组织之间要建构起参与网络，在这个网络中，各个主体不再是管理与被管理的关系，而是共同成为推动乡村发展的自愿性支撑工具嵌入到整个体系之中，以此拓宽村庄内生发展的渠道。

再次是制度保障机制。美丽乡村建设内源于经济和社会发展，外在于国家体制改革和社会管理制度的推进。制度的实施需要既保证农村发展不偏离国家发展的主要方向，又能够为农村自主发展留下空间，应从制度层面减少对农村社会的管控，为各类主体提供更多的自主选择的空间（张小军 等，2018），放权的对象不仅包括乡镇政府，还包括村民自治组织和市场性主体。基层党组织与政府在乡村发展中居于领导性地位，但这并不意味着权力主体不受约束，相反，需要通过完善的制度体系对他们进行监督与制约。党和国家从顶层设计的角度在持续地为乡村输入资源，在这个过程中为了保障资源的有效利用，需要对直接掌握着资源分配权力的主体进行监督。此外，市场性主体也是制度约束的重点对象。企业等市场主体作为推动乡村发展的关键力量，其所具有的资本、技术、信息等优势能够对乡村发展格局产生直接影响，一旦这些权力主体失去控制，将会对村庄、村民的实际利益产生影响。例如，安吉县在美丽乡村建设中坚持政府主导，美丽乡村建设县、乡镇、村三级全部落实“一把手”责任制，将建设目标任务逐项分解到人、到点，实行县领导联系创建村制度，通过对权力主体的制度约束，使得各主体之间能够明确自身的角色与功能，从美丽乡村建设的实施架构、行动计划、规划设计、建设标准、资金使用、技术指导，到干部职责、督促检查、考核评价、长效管理机制等，都有相应的规定，形成了一系列相对独立又有机统一的制度体系。此外，安吉县在生态补偿制度、排污权交易制度、企业环境保护诚信制度等方面先行先试，走在浙江省乃至全国前列，其经验也值得重视。

最后是本土文化的挖掘与再利用机制。现代化使得乡村社会的生产、生活水平在整体上得到显著提升，也让村庄与国家、市场以及外部社会的联系日益紧密。在与外部主体的互动过程中，本土文化资源的挖掘与再利用机制的构建，成为支撑村庄有针对性地消化、选择、利用外部环境的关键。农村文化仍然主要是以村庄为基本的延续与发展单位，这种文化内核是村庄面对外部环境侵蚀，依然能够保留自身发展特色的关键所在。在安吉县的发展实践中，不断挖掘村庄的本土文化，将文化传承创新作为基本目标和手段，借助文化礼堂、农家书屋、文化广场等载体，促进村民在村庄的公共空间进行社会交往与文化交流。通过内部的沟通与交流，往往能形成高于个体的集体智慧，重建村庄的主体意识以及成员个体的权利观与义务观，进而增强村庄文化的集体凝聚力。本土文化的挖掘与再利用机制的构建，让村庄得以借助内部文化的维系力，不仅可以在面对外部主体的强制介入时实现自我整合，同时还能将外部力量积极转化为美丽乡村建设所需要的资源。安吉县通过开展"拯救老屋行动""手工艺传承"等文化活动，实现了对文化中各种物质实存、习俗规范、精神信仰等文化要素的挖掘与再利用，村民在潜移默化中形成了对村庄历史文化的认同，成为推动乡村发展的核心主体力量。

村庄文化的塑造是一个长期积累的过程，同时成员的文化认同感与归属感等也需要日积月累，但这并不意味着社区文化是一成不变的，相反，随着历史的演变与代际相传，社区文化能够得到再创造。美丽乡村建设的安吉模式，着重引导村庄在发展过程中找准各地的文化特色，将乡村传承与其他资源进行融合发展，进而激发村庄的内生动力。对文化力量的挖掘与使用，使得村民主体的自主行动能够获得稳定的内部支撑，尤其在涉及村庄土地流转等事项时，文化资源起到了将村民组织起来的关键作用。安吉县在推动村庄挖掘与利用传统文化资源时，重点加强了村庄内部的互动、了解和沟通，让村庄内部能够从精神、物质等方面形成互帮互助的关系。村庄注重对诸如邻里互助、习俗文化、道德伦理等传统文化的创造性转化，这种转化的目的是推动村庄形成内部支持网络。在涉及村庄内部尤其是村民个体的"小而特殊"的各类具体村庄事务时，内部面子、荣誉等象征性资本的维系与再生产对于规范和约束村民的理性行为具有重要作用。通过构建非正式的、非契约化的社会资本网络体系重塑普遍信任关系，能够重建与恢复村集体与村民的情感联系，进而增强其社区归属感与认同感。概言之，对本土文化资源的挖掘与再利用机制，正是安吉模式最突出的优势所在。

除此之外，还应看到随着我国社会的整体发展，村庄需要面对复杂多变的内、外部发展形势。当前农村社区建设所处的宏观历史环境和微观现实基础有一定的特殊性，尤其是现代村庄的功能已经发生了根本性的转变，需要跳出原有理论的叙事之中，回归到实践，在不断实践的过程中解决所涌现出的问题。洪大用就明确提出了实践自觉对于社会研究的关键意义与核心价值，"实践自觉是一种理性认识和自觉行动，包括社会学者直面社会实践及其变化开展学术研究，并对分析研究社会实践及其变化所使用的概念、理论与方法进行清醒反思，同时在科学认识社会实践的基础上积极投身于社会实践，为人民福祉和社会进步而不懈努力"（洪大用，2019）。在实践自觉的指引下，处于实践状态的不同主体，能够对自己在体系中的定位有着清醒的认知，明确自己的角色与地位，更为重要的是能够在实践中形成协作关系。外部环境的不断变迁意味着不能脱离具体的实践语境来谈乡村振兴，要不断在实践中检验与发展理论，从而能够确保理论的发展能够有效指导变化着的实践。要更多地关注乡村发展过程的复杂性、互动性、流动性等特征，通过具体的研究来呈现乡村社会发展的客观规律，突出实践在研究中的中心地位，这样不仅能避免陷入经验主义的个案叙述之中，同时也能完整地呈现村庄发展的历史脉络与实践逻辑。

综上所述，乡村发展需要不断对实践进行总结与反思，尤其是从具体实践中所积累的经验与教训，分析问题背后的根源，进而摸清楚乡村发展的动力机制、实践逻辑乃至未来的发展方向，以此为乡村发展提供新的理论指引与实践启示。未来对于乡村发展的研究"需要我们从片面的价值中立和实证主义方法论中真正走出来，更加积极地直面我们置身其中的火热的、充满动态和希望的社会实践"（洪大用，2020：48）。在村落转型的时代背景下，基于安吉县美丽乡村建设的历程，不难窥出，基层政府与社会运作构成了共同建设"美丽乡村"的内在机理，一方面离不开自上而下的政府领导，另一方面也离不开自下而上的社会发展。在实践中，自上而下的基层政府逐步挣脱了以效率为主的政绩怪圈，在以民生为导向的基础上，大力发展可持续的经济，并采用情感治理的方式，主动动员村民，取得了良好的效果。与此同时，自下而上的社会网络，形成了以村规民约为本、主动参与，甚至倒逼政府大力投入的实践逻辑。

美丽乡村建设的"安吉模式"本身就是一种在尊重农村主体特殊性、复杂性、多样性等基础之上，经过长期互动实践而形成的内生发展模式。安吉县除了注重对政府行政力量的合理使用，以及从传统乡村文化中挖掘建设资源之外，同时依靠市场的专业技术支撑与服务，破解了困扰乡村发展的多项难题，激发了乡村社会的内在积极性与活力。美丽乡村建设的内生之美，强调自发性，突出体现人民群众的主动性和创造性，而地方政府在尊重人民群众首创精神的同时，不断为其提供制度保障，同时通过借助市场的力量，在资本、技术等方面提升美丽乡村建设的动能。通过内生发展之路，不仅缩小了城乡之间发展的差距，而且也为村庄的持续发展提供了制度保障和长效机制，同时充分利用内生性来适应外部不断变化的环境，实现了生态效益、经济效益与社会效益的共赢。

参考文献

一、中文文献

埃莉诺·奥斯特罗姆、龙虎，2003，《社会资本：流行的狂热抑或基本的概念》，《经济社会体制比较》第2期。

埃莉诺·奥斯特罗姆、拉里·施罗德、苏珊·温，2000，《制度激励与可持续发展》，陈幽泓、谢明、任睿译，上海：上海三联书店。

彼得·布劳，2008，《社会生活中的交换与权力》，李国武译，北京：商务印书馆。

曹东勃、宋锐，2020，《农耕文化：乡村振兴的伦理本源》，《西北农林科技大学学报（社会科学版）》第3期。

曹光辉、汪锋、张宗益等，2006，《我国经济增长与环境污染关系研究》，《中国人口·资源与环境》第1期。

曹俊杰，2018，《资本下乡的双重效应及对负面影响的矫正路径》，《中州学刊》第4期。

陈柏峰，2020，《行政嵌入自治：乡村治理的"苏南模式"》，《上海师范大学学报（哲学社会科学版）》第4期。

陈朝兵，2016，《农村土地"三权分置"：功能作用、权能划分与制度构建》，《中国人口·资源与环境》第4期。

陈秋红、黄鑫，2018，《农村环境管理中的政府角色——基于政策文本的分析》，《河海大学学报（哲学社会科学版）》第1期。

陈润羊，2015a，《西部地区新农村建设中环境经济协同的策略》，《云南农业大学学报（社会科学）》第4期。

陈润羊，2015b，《四川丹棱美丽乡村建设的路径选择》，《城乡建设》第12期。

陈松、阴蕾，2020，《新时代中国社会治理共同体构建：理论内涵、现实需求及实践路径》，《重庆社会科学》第7期。

陈廷湘，2015，《从"乡村建设"到"城镇化建设"——近百年中国乡村改造与建设个案的启示》，《深圳大学学报（人文社会科学版）》第1期。

陈意新，2001，《二十世纪早期西方合作主义在中国的传播和影响》，《历史研究》第6期。

池泽新、黄敏、赵海婷，2015，《美丽乡村建设：理论依据和现实条件——以江西省为例》，《农林经济管理学报》第1期。

戴维·奥斯本、特勒·盖布勒，1996，《改革政府——企业家精神如何改革着公共部门》，周敦仁等译，上海：上海译文出版社。

狄金华、钟涨宝，2014，《从主体到规则的转向——中国传统农村的基层治理研究》，《社会学研究》第5期。

丁国胜、彭科、王伟强等，2016，《中国乡村建设的类型学考察——基于乡村建设者的视角》，《城市发展研究》第10期。

丁亮、蔡婧，2020，《乡村治理现代化：目标定位、发展困境与推进策略——第四届中国县域治理高层论坛会议综述》,《社会主义研究》第2期。
董磊明、郭俊霞,2017,《乡土社会中的面子观与乡村治理》,《中国社会科学》第8期。
杜焱强,2019,《农村环境治理70年:历史演变、转换逻辑与未来走向》,《中国农业大学学报(社会科学版)》第5期。
杜焱强、刘平养、吴娜伟,2018,《政府和社会资本合作会成为中国农村环境治理的新模式吗?——基于全国若干案例的现实检验》,《中国农村经济》第12期。
杜赞奇,2010,《文化、权力与国家:1900—1942年的华北农村》,王福明译,南京:江苏人民出版社。
费孝通,1998,《乡土中国:生育制度》,北京:北京大学出版社。
费孝通,1999,《费孝通文集(第二卷)》,北京:群言出版社。
费孝通,2007,《乡土中国》,上海:上海人民出版社。
冯健,2004,《失地农民社会保障初探》,《财政研究》第6期。
冯仕政,2007,《国家、市场与制度变迁——1981—2000年南街村的集体化与政治化》,《社会学研究》第2期。
高帆,2007,《新型农民:新农村建设的真正主体》,《调研世界》第4期。
高杰、郭晓鸣,2020,《乡村振兴战略视域下城乡要素交换关系研究》,《财经科学》第6期。
葛文光,2008,《解放前中国农村合作组织建设及其启示》,《电子科技大学学报(社科版)》第4期。
桂华,2018,《论我国农村基层治理的不均衡性——村级治理的区域类型建构》,《北京行政学院学报》第4期。
郭桂玲,2015,《农村非政府组织介入农村环境污染治理问题探析》,《学习论坛》第12期。
郭亮,2011,《资本下乡与山林流转:来自湖北S镇的经验》,《社会》第3期。
郭湛,2011,《主体性哲学:人的存在及其意义》,北京:中国人民大学出版社。
韩君,2016,《区域生态环境质量的评价模型与测算》,《统计与决策》第3期。
韩喜平、孙贺,2016,《美丽乡村建设的定位、误区及推进思路》,《经济纵横》第1期。
郝德利、侯小军、董宝生,2013,《基于多中心治理理论的农村环境污染防治对策》,《环境科学与管理》第2期。
郝艳兵,2015,《风险、治理与法治》,《西南政法大学学报》第5期。
何精华,2007,《区分供给与生产:基于政府公共服务职能实现方式的分析框架》,《中国行政管理》第2期。
贺雪峰,2006,《公私观念与中国农民的双层认同——试论中国传统社会农民的行动逻辑》,《天津社会科学》第1期。
贺雪峰,2011,《论利益密集型农村地区的治理——以河南周口市郊农村调研为讨论基础》,《政治学研究》第6期。

贺雪峰,2013a,《小农立场》,北京:中国政法大学出版社。
贺雪峰,2013b,《新乡土中国(修订本)》,北京:北京大学出版社。
洪大用,2005a,《积极培育引导成长中的民间环保力量》,《中国特色社会主义研究》第6期。
洪大用,2005b,《中国城市居民的环境意识》,《江苏社会科学》第1期。
洪大用,2012,《经济增长、环境保护与生态现代化:以环境社会学为视角》,《中国社会科学》第9期。
洪大用,2013,《关于中国环境问题和生态文明建设的新思考》,《探索与争鸣》第10期。
洪大用,2014,《绿色城镇化进程中的资源环境问题研究》,《环境保护》第7期。
洪大用,2016,《复合型环境治理的中国道路》,《中共中央党校学报》第3期。
洪大用,2017a,《生态文明建设:正确对待三种思维 坚持三个观点》,《中国社会科学报》9月6日。
洪大用,2017b,《社会治理的关键是治理流动性》,《社会治理》第6期。
洪大用,2019,《为社会治理实践提供更加深入的学理支撑》,《中国社会科学评价》第1期。
洪大用,2019,《增强社会学的实践自觉》,《人民日报(理论版)》5月20日。
洪大用,2020,《巨变时代的实践自觉》,北京:中国社会科学出版社。
洪大用、邵占鹏,2016,《中国治理现代化始终以增进人民福利为依归》,《学习与探索》第2期。
胡双发、王国平,2008,《政府环境管理模式与农村环境保护的不兼容性分析》,《贵州社会科学》第5期。
胡卫卫,2020,《硬法和软法构成完整乡村法治体系》,《社会科学报》11月5日。
胡溢轩,2017,《"形式"抑或"实质":中国基层政治参与的实证分析》,《探索》第3期。
黄家亮,2015,《当前中国农村社会变迁与基层治理转型新趋势——基于若干地方经验的一个论纲》,《社会建设》第6期。
黄薇、史亚军,2015,《北京美丽乡村建设模式研究》,《农学学报》第5期。
黄渊基、匡立波,2017,《城市化进程中的"美丽乡村"建设研究——基于城乡一体化视角的分析》,《湖南社会科学》第6期。
黄宗智,2007,《清代的法律、社会与文化:民法的表达与实践》,上海:上海书店出版社。
黄宗智,2008,《集权的简约治理——中国以准官员和纠纷解决为主的半正式基层行政》,《开放时代》第2期。
孔祥智、郭艳芹,2006,《现阶段农民合作经济组织的基本状况、组织管理及政府作用——23省农民合作经济组织调查报告》,《农业经济问题》第1期。
匡列辉,2018,《基于乡村振兴战略下洞庭湖生态经济区美丽乡村建设研究》,《北方经济》第3期。
雷玉琼、朱寅茸,2010,《中国农村环境的自主治理路径研究——以湖南省浏阳市金塘村为例》,《学术论坛》第8期。
冷向明、熊雪婷,2020,《社会网络基础变迁视角下村规民约的建构性脱嵌及其调适》,《西南民族大学学报(人文社会科学版)》第 11 期。
李长健、李曦，2019，《乡村多元治理的规制困境与机制化弥合——基于软法治理方式》，《西北农林科技大学学报(社会科学版)》第 1 期。
李怀印，2008，《华北治村：晚清和民国时期的国家与乡村》，岁有生、王士皓译，北京：中华书局。
李玮，2020，《中央与地方关系视角下环境政策执行偏差及其破解》，《东岳论丛》第 4 期。
李君、吕火明、梁康康等，2011，《基于乡镇管理者视角的农村环境综合整治政策实践分析——来自全国部分省(区、市)195 个乡镇的调查数据》，《中国农村经济》第 2 期。
李丽丽、李文秀、栾胜基，2013，《中国农村环境自主治理模式探索及实践研究》，《生态经济》第 11 期。
李猛，2010，《地方政府在环境监管中的扭曲行为》，《环境保护》第 13 期。
李牧、李丽，2018，《当前乡村法治秩序构建存在的突出问题及解决之道》，《社会主义研究》第 1 期。
李先敏、王巧玲，2008，《哈贝马斯的"话语政治"论的建构——兼谈公民权利的一个维度》，《江汉论坛》第 6 期。
李雪松，2020，《社会治理共同体的再定位：一个"嵌入型发展"的逻辑命题》，《内蒙古社会科学》第 4 期。
李颖明、宋建新、黄宝荣等，2011，《农村环境自主治理模式的研究路径分析》，《中国人口·资源与环境》第 1 期。
李友梅、耿敬，2020，《中国社会学的知识生产范式——以晏阳初和费孝通的实践为例》，《学术月刊》第 6 期。
李祖佩，2012，《"资源消解自治"——项目下乡背景下的村治困境及其逻辑》，《学习与实践》第 11 期。
李祖佩，2013，《项目进村与乡村治理重构——一项基于村庄本位的考察》，《中国农村观察》第 4 期。
李祖佩，2015，《项目制的基层解构及其研究拓展——基于某县涉农项目运作的实证分析》，《开放时代》第 2 期。
梁漱溟，2006，《乡村建设理论》，上海：上海人民出版社。
梁漱溟，2018，《中国文化要义》，上海：上海人民出版社。
林毅夫，2002，《自生能力、经济转型与新古典经济学的反思》，《经济研究》第 12 期。
林毅夫，2017，《新结构经济学、自生能力与新的理论见解》，《武汉大学学报(哲学社会科学版)》第 6 期。
刘斌、王宁远、陈明辉，2020，《良渚古城考古的历程、最新进展和展望》，《自然与文化遗产研究》第 3 期。
刘冰洁，2018，《乡村振兴背景下遵义市传统村落保护与发展的思考——基于枫香镇苟坝村的实践》,《〈规划师〉论丛》第1期。

刘琼莲,2020,《国家治理现代化进程中社会治理共同体的生成逻辑与运行机制》,《改革》第11期。

刘伟,2009,《论村落自主性的形成机制与演变逻辑》,《复旦学报(社会科学版)》第3期。

刘伟,2018,《论乡村环境协同治理的行动者网络及其优化策略》,《学海》第2期。

刘祖云、孔德斌,2013,《乡村软治理:一个新的学术命题》,《华中师范大学学报(人文社会科学版)》第3期。

柳兰芳,2013,《从"美丽乡村"到"美丽中国"——解析"美丽乡村"的生态意蕴》,《理论月刊》第9期。

卢青青,2019,《资本下乡与乡村治理重构》,《华南农业大学学报(社会科学版)》第5期。

卢渊、李颖、宋攀,2016,《乡土文化在"美丽乡村"建设中的保护与传承》,《西北农林科技大学学报(社会科学版)》第3期。

陆益龙,2019,《村庄特质与乡村振兴道路的多样性》,《北京大学学报(哲学社会科学版)》第5期。

罗纳德·J.奥克森,2005,《治理地方公共经济》,万鹏飞译,北京:北京大学出版社。

罗纳德·科斯、阿门·阿尔钦、道格拉斯·诺斯,1994,《财产权利与制度变迁:产权学派与新制度学派译文集》,刘守英等译,上海:上海三联书店。

骆亚卓,2017,《项目契约治理与关系治理研究现状与评述》,《人民论坛·学术前沿》第24期。

吕德文,2020,《让群众成为社会治理的主体》,《环球时报》12月4日。

迈克尔·曼,2002,《社会权力的来源(第一卷)》,刘北成、李少军译,上海:上海人民出版社。

曼瑟尔·奥尔森,2014,《集体行动的逻辑》,陈郁、郭宇峰、李崇新译,上海:格致出版社。

莫里斯·弗里德曼,2000,《中国东南的宗族组织》,刘晓春译,上海:上海人民出版社。

鸟越皓之、闰美芳,2011,《日本的环境社会学与生活环境主义》,《学海》第3期。

聂伟,2014,《公众环境关心的城乡差异与分解》,《中国地质大学学报(社会科学版)》第1期。

彭汉琼,2012,《农村基层党组织建设的实践创新及理论思考》,《学习与实践》第11期。

彭小霞,2016,《我国农村生态环境治理的社区参与机制探析》,《理论月刊》第11期。

乔运鸿、王凌雁,2016,《综合类农村民间组织经济内循环自助模式研究——以山西永济蒲韩乡村民间组织为例》,《中国行政管理》第4期。

秦晖,2003,《传统十论:本土社会的制度、文化及其变革》,上海:复旦大学出版社。

仇曼莉、张鑫,2020,《乡村振兴视域下农民参与乡村治理有效性研究》,《湖北经济学院学报(人文社会科学版)》第11期。

仇叶,2020,《行政公共性:理解村级治理行政化的一个新视角》,《探索》第5期。

渠敬东、周飞舟、应星,2009,《从总体支配到技术治理——基于中国30年改革经验的社会学分析》,《中国社会科学》第6期。

瞿同祖，1981，《中国法律与中国社会》，北京：中华书局。
饶静、叶敬忠，2007，《税费改革背景下乡镇政权的"政权依附者"角色和行为分析》，《中国农村观察》第4期。
任丙强，2011，《农村环境抗争事件与地方政府治理危机》，《国家行政学院学报》第5期。
桑玉成，2011，《官民协同治理视角下当代中国社会管理的创新与发展》，《山东大学学报（哲学社会科学版）》第3期。
申端锋，2010，《乡村治权与分类治理：农民上访研究的范式转换》，《开放时代》第6期。
沈费伟，2020，《传统乡村文化重构：实现乡村文化振兴的路径选择》，《人文杂志》第4期。
沈颂金，1999，《汉代乡亭里研究概述》，《中国史研究动态》第10期。
施坚雅，1998，《中国农村的市场和社会结构》，史建云、徐秀丽译，北京：中国社会科学出版社。
史云贵、孟群，2018，《县域生态治理能力：概念、要素与体系构建》，《四川大学学报（哲学社会科学版）》第2期。
舒川根，2010，《文化创意与新农村建设的有机结合——以安吉县创建"中国美丽乡村"为例》，《浙江社会科学》第7期。
宋才发、许威，2020，《传统文化在乡村治理中的法治功能》，《中南民族大学学报（人文社会科学版）》第4期。
宋马林、王舒鸿，2013，《环境规制、技术进步与经济增长》，《经济研究》第3期。
孙宪忠，2021，《从民法典看乡村治理中急需关注的十个法治问题》，《中州学刊》第2期。
孙秀林、周飞舟，2013，《土地财政与分税制：一个实证解释》，《中国社会科学》第4期。
唐国建、王辰光，2019，《回归生活：农村环境整治中村民主体性参与的实现路径——以陕西Z镇5个村庄为例》，《南京工业大学学报（社会科学版）》第2期。
唐俊、徐祖祥，2020，《桂西南壮族乡村治理中的仪式传统与族群互动》，《云南民族大学学报（哲学社会科学版）》第4期。
田欢，2017，《当代移民社会的文化流动——以深圳为主线的考察》，《学术研究》第11期。
铁锴、铁镠、杨平，2020，《乡村有效治理模式、机理及路径研究——以陕西为例》，《宝鸡文理学院学报（社会科学版）》第5期。
童志锋，2018，《保卫绿水青山——中国农村环境问题研究》，北京：人民出版社。
王春光，2019，《中国社会发展中的社会文化主体性——以40年农村发展和减贫为例》，《中国社会科学》第11期。
王芳，2016，《合作与制衡：环境风险的复合型治理初论》，《学习与实践》第5期。
王海娟、贺雪峰，2015，《资源下乡与分利秩序的形成》，《学习与探索》第2期。
王惠林、洪明，2018，《政府治理与村民自治的互动机制、理论解释及政策启示——基于"美丽乡村建设"的案例分析》，《学习与实践》第3期。
王景新，2017，《中国历史名村变迁与当今美丽乡村建设》，《农业考古》第4期。

王黎，2019，《寡头治村：村级民主治理的异化》，《华南农业大学学报(社会科学版)》第6期。

王丽惠，2015，《控制的自治：村级治理半行政化的形成机制与内在困境——以城乡一体化为背景的问题讨论》，《中国农村观察》第2期。

王林霞、魏磊，2020，《大数据嵌入乡村治理的路径建构》，《云南行政学院学报》第5期。

王伟光，2006，《建设社会主义新农村的理论与实践》，北京：中共中央党校出版社。

王卫星，2011，《我国城乡统筹协调发展的进展与对策》，《华中师范大学学报(人文社会科学版)》第1期。

王卫星，2014，《美丽乡村建设：现状与对策》，《华中师范大学学报(人文社会科学版)》第1期。

王文龙，2016，《中国美丽乡村建设反思及其政策调整建议——以日韩乡村建设为参照》，《农业经济问题》第10期。

王晓毅，2018，《再造生存空间：乡村振兴与环境治理》，《北京师范大学学报(社会科学版)》第6期。

王雅琦，2021，《"外生-响应"与"内生-回应"：创新社会治理的现状、动因分析——基于"创新社会治理典型案例"(2012—2020)多案例文本分析》，《领导科学论坛》第3期。

王玉庆，2002，《环境经济学》，北京：中国环境科学出版社。

温铁军，2000，《中国农村基本经济制度研究——"三农"问题的世纪反思》，北京：中国经济出版社。

吴晗、费孝通，2012，《皇权与绅权》，长沙：岳麓书社。

吴理财、吴孔凡，2014，《美丽乡村建设四种模式及比较——基于安吉、永嘉、高淳、江宁四地的调查》，《华中农业大学学报(社会科学版)》第1期。

吴柳芬、杨奕，2018，《基层政府权责配置与农村垃圾治理的实践——以桂北M镇"清洁乡村"治理项目为例》，《南京工业大学学报(社会科学版)》第3期。

肖萍，2011，《论我国农村环境污染的治理及立法完善》，《江西社会科学》第6期。

肖唐镖，2010，《宗族政治：村治权力网络的分析》，北京：商务印书馆。

肖唐镖，2014，《近十年我国乡村治理的观察与反思》，《华中师范大学学报(人文社会科学版)》第11期。

肖永添，2018，《社会资本影响农村生态环境治理的机制与对策分析》，《理论探讨》第1期。

熊小青，2014，《农村环境冲突化解：治理理念及实践创新——基于地方政府管理资源开采利用的视角》，《行政论坛》第3期。

徐其龙，2020，《民国时期杨开道与梁漱溟乡约改造思想比较研究》，《哈尔滨工业大学学报(社会科学版)》第1期。

徐晓军、魏海涛，2011，《乡村潜规则形成的惯例化——湖北HL艾滋病村庄的实践》，《社会主义研究》第6期。

徐勇，1996，《由能人到法治：中国农村基层治理模式转换——以若干个案为例兼析能人政治现象》,《华中师范大学学报(人文社会科学版)》第4期。

徐勇,2010,《农民理性的扩张:“中国奇迹”的创造主体分析——对既有理论的挑战及新的分析进路的提出》,《中国社会科学》第1期。

徐宗阳,2016,《资本下乡的社会基础——基于华北地区一个公司型农场的经验研究》,《社会学研究》第5期。

荀丽丽、包智明,2007,《政府动员型环境政策及其地方实践——关于内蒙古S旗生态移民的社会学分析》,《中国社会科学》第5期。

阎云翔、杨雯琦,2017,《社会自我主义:中国式亲密关系——中国北方农村的代际亲密关系与下行式家庭主义》,《探索与争鸣》第7期。

杨海生、陈少凌、周永章,2008,《地方政府竞争与环境政策——来自中国省份数据的证据》,《南方经济》第6期。

杨建顺,1996,《规制行政与行政责任》,《中国法学》第2期。

杨开道,2015,《中国乡约制度》,北京:商务印书馆。

杨磊,2020,《农地产权变革与乡村治理秩序:一个农政变迁的分析框架——基于湖北省2村的个案扩展研究》,《公共管理学报》第1期。

杨善华、苏红,2002,《从“代理型政权经营者”到“谋利型政权经营者”——向市场经济转型背景下的乡镇政权》,《社会学研究》第1期。

杨雪冬,2004,《全球化、风险社会与复合治理》,《马克思主义与现实》第4期。

杨雪锋、谢凌,2020,《论环境邻避风险韧性治理》,《广西师范大学学报(哲学社会科学版)》第6期。

杨艳,2020,《独龙族经济社会发展的当代经验与脱贫攻坚实践——基于独龙江乡民族帮扶工作的文献与田野调查》,《中央民族大学学报(哲学社会科学版)》第4期。

杨志军,2010,《多中心协同治理模式研究:基于三项内容的考察》,《中共南京市委党校学报》第3期。

姚荣,2013,《府际关系视角下我国基层政府环境政策的执行异化——基于江苏省S镇的实证研究》,《经济体制改革》第4期。

姚志友、张诚,2016,《我国乡村环境合作治理的机制与路径研究》,《理论探讨》第5期。

叶超、高洋,2019,《新中国70年乡村发展与城镇化的政策演变及其态势》,《经济地理》第10期。

叶亚平、刘鲁君,2000,《中国省域生态环境质量评价指标体系研究》,《环境科学研究》第3期。

尹新瑞,2018,《食品安全问题背后的风险社会逻辑——风险社会学视角下食品安全问题的治理路径》,《未来与发展》第1期。

印子,2014,《治理消解行政:对国家政策执行偏差的一种解释——基于豫南G镇低保政策的实践分析》,《南京农业大学学报(社会科学版)》第3期。

尤尔根·哈贝马斯,2002,《包容他者》,曹卫东译.上海:上海人民出版社。

俞可平，1999，《治理和善治引论》，《马克思主义与现实》第5期。
郁建兴、任杰，2020，《社会治理共同体及其实现机制》，《政治学研究》第1期。
岳谦厚、庞芳馨，2020，《分田分地：中共土改运动中的丈地评产问题——以汾西县为个案》，《河北学刊》第2期。
曾盛聪、卞思瑶，2018，《走向大数据治理：地方治理的政策工具创新趋势——基于多个经验性案例的考察》，《社会主义研究》第5期。
张富利，2014，《新乡村建设运动与社会转型时期的乡土复兴》，《中南大学学报（社会科学版）》第4期。
张国磊、张新文，2015，《“美丽乡村”建设中的政府动员与基层互动——基于广西钦州的个案调研分析》，《北京社会科学》第7期。
张洪武，2014，《主体间性视域内的社会治理及条件依存》，《黑龙江社会科学》第1期。
张建、诸培新、王敏，2016，《基于内生交易费用的农村集体资产股份制改革》，《华南农业大学学报（社会科学版）》第5期。
张捷、王海燕，2020，《社区主导型市场化生态补偿机制研究——基于“制度拼凑”与“资源拼凑”的视角》，《公共管理学报》第3期。
张静，2000，《基层政权：乡村制度诸问题》，杭州：浙江人民出版社。
张俊哲、梁晓庆，2012，《多中心理论视阈下农村环境污染的有效治理》，《理论探讨》第4期。
张康之，2012，《合作治理是社会治理变革的归宿》，《社会科学研究》第3期。
张树昭，2014，《关于美丽乡村建设中的内生动力机制与外生动力机制研究》，《贵州政协报》4月17日。
张小军、雷李洪，2018，《乡村社区自主发展的中国经验——走向共同体的乡村自治》，《江苏社会科学》第3期。
张欣，2021，《算法影响评估制度的构建机理与中国方案》，《法商研究》第2期。
张玉林，2013，《当今中国的城市信仰与乡村治理》，《社会科学》第10期。
张云昊，2011，《社会风险的整合治理机制与模型建构》，《南京农业大学学报（社会科学版）》第4期。
赵俊臣，2011，《土地流转：工商资本下乡需规范》，《红旗文稿》第4期。
赵旭东、张文潇，2017，《乡土中国与转型社会——中国基层的社会结构及其变迁》，《武汉科技大学学报（社会科学版）》第1期。
郑杭生、尹雷，2015，《“社会互构论”视阈下社会复合主体参与及互构机制》，《甘肃社会科学》第1期。
郑向群、陈明，2015，《我国美丽乡村建设的理论框架与模式设计》，《农业资源与环境学报》第2期。
周飞舟、王绍琛，2015，《农民上楼与资本下乡：城镇化的社会学研究》，《中国社会科学》第1期。

周黎安,2007,《中国地方官员的晋升锦标赛模式研究》,《经济研究》第 7 期。
周黎安、陈烨,2005,《中国农村税费改革的政策效果:基于双重差分模型的估计》,《经济研究》第 8 期。
周穗明,2003,《西方新发展主义理论述评》,《国外社会科学》第 5 期。
周晓丽,2006,《论公共危机的复合治理》,《中共长春市委党校学报》第 3 期。
周雪光,2005,《"关系产权":产权制度的一个社会学解释》,《社会学研究》第 2 期。
朱新力、余军,2018,《行政法视域下权力清单制度的重构》,《中国社会科学》第 4 期。
朱战辉,2019,《村级治理行政化的运作机制、成因及其困境——基于黔北米村的经验调查》,《地方治理研究》第 1 期。
邹笛,2018,《安吉:深挖传统产业优势 首创美丽乡村样板》,《中华建设》第 2 期。

二、外文文献

鹤見和子,1996,《内発的発展論の展開》,东京:筑摩書房。
Demsetz H. 1988. *Ownership, Control and the Firm*. Oxford : Blackwell Publishers.
Kornai J. 1990. *The Road to a Free Economy. Shifting from a Socialist System: The Example of Hungary*. New York and London: W. W. Norton and Company.
Oi J C. 1999. *Rural China Takes Off: Institutional Foundations of Economic Reform*. Berkeley, CA: University of California Press.
Oi J C, Walder A G. 1999. *Property Rights and Economic Reform in China*. Stanford, CA: Stanford University Press.

后记

时光转瞬即逝，转眼已经入职福州大学社会学系近九个月，这段时间也是此书的成文过程，因此感触颇深。写作的漫长过程不是寥寥数语所能诉说，我曾多次设想自己该如何撰写后记，期望着借助这一载体，来记录写作过程、抒发感想、表达感谢之情。不得不感慨时间如白驹过隙般一晃而过，不管曾经经历了什么，过去的已经成为过去，现在的也终将成为过去。我时常将写作看成一个“破茧成蝶”的过程，这期间会有“弹尽粮绝”的苦闷，亦能从中获取鼓舞、勇气和精神力量。

2017 年 8 月，我在洪大用教授的带领下前往浙江省安吉县进行暑期调研，主题是安吉县的绿色转型之路。在经历污染之痛后，安吉县坚持以“两山”理念为指导，在准确把握经济、政治、文化、社会、生态环境等系统关系的基础上，积极实施“生态立县”的发展战略，并以“全国生态文明建设试点”为契机，创造性地实施了美丽乡村建设。经过近 20 年的发展实践，政府、企业、个人等涉及村庄公共利益的相关主体通过自觉、自愿的集体行动展开协同共治，实现了乡村建设的高效性与持续性。安吉县在实践中，走出了一条新农村建设与生态文明建设互相促进、城镇与乡村发展统筹推进、一二三产业相互融合的科学发展之路，这是一个既符合生态文明特征，又体现安吉特色的发展模式。

经过前期的试调研，我于 2018 年 10 月又回到了安吉县，此次调研历时约 2 个月，除了收集县域层次的资料外，还根据发展的典型性选择了杨村与柳村两个行政村作为田野点。杨村从20世纪90年代的无矿产资源、无集体经济以及无产业项目的“三无”贫困村发展到现在远近闻名的“明星村”，其变化不可谓不大。姑且不论影响地方项目评估的某些不确定因素，杨村在没有任何资源优势的情况下，是如何取得如此良好的发展成效的呢？这极大地激起了我的好奇心。柳村在20世纪90年代凭借着丰富的矿产资源而成为当地有名的“首富村”，但是自关停矿山、开启经济发展转型以来，柳村的发展就陷入了转型的“阵痛”。2005年以后，在“两山”理念的指导下，柳村又重新朝着正确的发展方向迈进。在对这两个村的驻点调研过程中，我收集了相关的历史文档、访谈资料、基础数据等。2019年8月，我根据对前期资料的归纳整理，“查漏补缺”地进行了补充性调研，更新了县域、两个村庄的一些基础性数据。

记得在正式进入田野前，洪老师抽出时间召集课题组开了一个简短的会议，并指出：“当前中国社会已进入转型加速期，各地普遍面临着经济发展与环境保护、城乡发展不平衡不充分等现实问题。那么在安吉县现代化转型的过程中，政府与民众之间的合作关系是如何建构而成的？社会文化资源的发掘与自我引导又是如何实现的？”这其实就指出了要注重观察安吉县美丽乡村建设模式的核心构成要素。在现代化转型的过程中，乡村社会的内外部环境存在着较大的不确定性，再加上乡村社会所具有的变通性、乡土性和不能量化的特殊情境，使得村庄在发展中需要面对不断涌现的新问题，这就意味着不可能存在一个“万能”的发展模式。在此背景下，通过梳理安吉县乡村建设的基本经验、总结发展中的中国美丽乡村建设的政策谱系，既能为地方善治提供难得的理论样本，也有助于美丽乡村建设的实践展开，具有重要的理论价值与现实意义。

《内生之美——美丽乡村建设的核心逻辑》一书从最开始的研究设想，到问题意识的确立，再到框架的设置，都离不开洪老师的悉心指导。本书中的很多想法与观点都直接来源于与他的讨论与交流。洪老师严密的逻辑、开阔的视野总能在关键时刻帮助我们提升写作的格局。如果没有他一次次的耐心指导，我可能没有办法顺利完成写作。在不同的场合，洪老师多次强调了在写作过程中要兼顾历史视角与结构视角、制度视角与实践视角，立足于工业化、城市化、城乡关系演变等时空背景，对乡村发展的政策演变过程、内在机理以及实践逻辑进行系统梳理。他认为：“地方建设其实是一个系统工程，既要经济发展，又要环境保护；既要基层治理有序，又要注重传统文化的传承和创新。所谓统筹，大的方面就是把经济、政治、文化、社会统筹起来考虑，形成良性运行和协调发展，这也是促进环境与社会协调的重要基础。”美丽乡村建设作为一种推动乡村发展的新模式，牵涉到多方主体的实际利益，同时也关系到经济、政治、文化、社会、生态环境等多方面因素的复杂互动。

安吉县的美丽乡村建设顺应了人民群众对美好生活的向往，融入农村经济建设、基层治理、社会文化建设各方面和全过程，既是对以往新农村建设理念、内容和水平的全面提升，也是乡村发展与建设的重大模式创新。本书的谋篇布局也正是按照此思路展开的。全书六个章节环环相扣，按照理论逻辑、实践经验、问题诊断与政策建议的思路，采用数据分析、参与式观察以及深度访谈等研究方法对“安吉模式”进行典型案例剖析。具体章节如下：

第一章，美丽乡村建设的时空背景。本章通过分析工业化城市化发展进程中的乡村建设路径，呈现美丽乡村建设的历史进程；从新农村建设到乡村振兴的政策演变过程来解读美丽乡村建设的时代背景；从中国城乡关系演变的动态以及中国不同地区的美丽乡村建设来描绘美丽乡村建设的中国图景。

第二章，美丽乡村建设多主体共建共治视角。本章首先明晰多主体在参与美丽乡村建设过程中所扮演的角色，结合内生之美，阐明各主体发挥的作用；其次回顾政府、社会、市场在参与美丽乡村建设过程中存在的不足和问题，并指明多主体共建共治的必要性；最后通过对美丽乡村共建共治的实践分析，提出政府、社会、市场力量应当在共建共治原则的引领下完善具体制度中基层互动的实现路径以及特色化的协调机制建设的观点。

第三章，美丽乡村建设中的复合机制。本章分析了社会主义市场经济条件下美丽乡村建设可选的多种机制，突出包括财政、市场、行政、法治、乡村文化再生产以及乡村社会运行中的非正式机制等多机制综合运用的重要性，总结美丽乡村建设复合模式的核心构成要素与具体实践路径，进而更加直观地呈现美丽乡村建设中复合机制所发挥的功能。

第四章，美丽乡村建设的环境质量基础。本章立足于安吉县的整体研究，以探究环境质量对美丽乡村建设的影响为根本出发点与落脚点。首先，剖析了安吉县环境污染的过程，指出环境污染问题对乡村发展所产生的负面影响；其次，对美丽乡村建设背景下环境质量建设路径进行探讨，进而理顺环境质量与美丽乡村建设的关系；最后，从生态环境、生产环境以及生活环境的维度，总结安吉县环境质量建设所产生的实际效果，从而为我国绿色发展理论和实践添砖加瓦。

第五章，美丽乡村建设的全方位统筹。本章重点是分析安吉县在美丽乡村建设过程中如何统筹协调经济发展、民生改善、基层治理与文化建设，进而保持和促进社会有机体各个子系统的健康以及彼此的良性互动。首先从经济发展与具体措施的维度分析了统筹发展中的经济建设；其次是从基层治理体系与能力、创新实践的角度分析了统筹发展中的基层治理；最后是从社会发展与文化创新的角度，剖析了统筹发展中的社会文化建设。

第六章，美丽乡村建设的回顾与展望。本章系统阐释了美丽乡村建设的价值与意义、建设模式的多样性、培育内生性。首先从生态文明建设、乡村振兴等角度呈现美丽乡村建设的理论价值与实践意义;其次从时空维度、共性与个性角度分析了美丽乡村建设的多样性;最后从统筹发展理念、主体力量培育以及内生机制构建的角度总结了安吉模式的内生发展特征。

之所以在后记部分略显啰嗦地对本书的写作过程及总体内容进行概括,是为了更完整、更清晰地呈现出洪老师最初的立意。遗憾的是,因个人研究能力有限以及忙于工作,没有充裕的时间研读更多的文献,只能进行浅显的探讨,在深度和广度方面都还有待提升,使得洪老师很多的想法与观点未能很好地表达出来。且因为受到新冠肺炎疫情的影响,无法及时去安吉县进行补充调查,导致资料还不够充实完善,没能做到尽善尽美。希望日后有机会在后续的研究中,能弥补这一部分的缺憾。

对于实地研究来说,抛开技术层面的方法和技巧之外,最难的恐怕就是田野的入场。进入田野最重要的是需要与研究对象之间建立一种信任和联系,能够免除他们对研究者的“怀疑”,从而获得真实可靠的田野材料。前期能够顺利进入田野收集资料得益于洪老师的无私帮助与指点,在他的悉心安排下,课题组在县、乡镇(街道)、村三个层次分别召开了三次小规模的座谈会。借此机会,我认识了三位关键性的人物,并与他们建立了互相信任的关系,后来他们都在我“进场”过程中给予了充分的支持与帮助。洪老师还分享了参与田野调查的八大要领:“胸怀大局、有备而来、走村串户、‘擒贼擒王’、顺藤摸瓜、眼脑并用、勤能补拙、团结协作。”这些建议对我后期调研、确立问题意识都有直接的影响，令我受益匪浅。于我而言，社会学最大的魅力在于能够让我们去“体验”生活，去了解社会的“奥秘”。

在安吉县的田野调查得到了沈先生、蓝女士、陆先生、蔡先生、王先生、冷先生、潘先生、任先生等人的无条件支持与帮助。基于学术伦理，请原谅不能在此具名道谢。正是他们的信任和支持，让我获得了许多宝贵的田野资料，同时也让我的田野调查变得不再那么枯燥。结束田野调查之后，我仍和他们保持着密切的联系，慢慢地，也都成了生活中的好朋友。在后续的写作过程中，田野调查期间结识的好友们通过网络帮助我收集研究所需要的资料，弥补了不能经常性进入田野的遗憾。

感谢童志锋教授及其团队成员龚金镭、安真真、赵玮的帮助。我在安吉县的田野调查得到了童老师的鼎力支持，他也数次与我一同深入田野点进行调研。能够与童老师合作写书也是一大幸运之事，我在写作过程中，亦经常与他交流探讨。他在观点的总结与提炼、田野资料的使用以及文章的整体架构完善等方面提出了很多具体的建设性意见。正是在不断的沟通中，我们得以进一步明确各自的写作重点，其中：第一章“美丽乡村建设的时空背景”初稿由童志锋、龚金镭完成，修改稿由胡溢轩完成；第二章“美丽乡村建设多主体共建共治视角”初稿由童志锋、安真真完成，修改稿由胡溢轩完成；第三章“美丽乡村建设中的复合机制”初稿由胡溢轩、童志锋、赵玮完成，修改稿由胡溢轩完成；第四章“美丽乡村建设的环境质量基础”、第五章“美丽乡村建设的全方位统筹”、第六章“美丽乡村建设的回顾与展望”初稿及修改稿由胡溢轩完成。整个书稿的水平也在一次次交流探讨后不断提升。每次与童老师讨论后，我都能有新的收获。

选择成为福建省的一名教育科研类引进生，来到福州大学工作，于我个人而言既是一次难得的机遇，也是一次全新的挑战。感谢福州大学人文社会科学学院王群书记、吴慧娟院长以及社会学系各位老师对我的无私指点与热心帮助，正是他们一次又一次的关心，让我感受到这个大家庭的温暖，从而能够顺利地进入工作角色之中。王群书记虽然是工科背景，但对乡村振兴、美丽乡村建设等议题甚是关心，更是多次与我就书稿的内容展开讨论，帮助我以不同的学科思维切入，提醒我在剖析村庄时要注意在中国语境下进行研究。吴慧娟院长自我入职以来一直都在关心着我的工作及生活，每次都会为我所取得的小小成绩而开心，鼓励我要朝着更高的目标努力。此外，我的学生林钰婕、陈杉杉、唐家贵协助我进行了全书校稿工作。在此以虽简单但最真诚的文字向他们表示最真挚的谢意！

感谢中国人民大学社会学系的所有老师与同学。能在人大社会学系学习，并接触到社会学各个分支领域最权威的老师，于我而言是莫大的幸运。感谢美国美利坚大学肖晨阳教授，美国芝加哥大学赵鼎新教授，中南大学董海军教授等给予我的指导。我的师门学友也都在学习与生活中给予了我无私的帮助，让我感受到这个大家庭的温暖。此外，还要感谢陈丽华老师在生活中所给予的鼓励和支持。

感谢爸妈。回想起从小到大的点点滴滴，正是他们对我毫无保留的爱与付出支持着我不断成长。作为家中独子，爸妈原本期望着我能返回家乡工作，但在得知我选择来异乡工作的决定时，他们不仅没有责怪我，还以各种形式支持我、关心我、帮助我。我的每一个决定的背后，都有他们一如既往的理解与支持，正是他们这份无条件的爱让我获得奋力前行的动力。感恩于我拥有这样一个如此温馨的家庭，唯愿以后能有更多的时间去陪伴你们、照顾你们！

谢谢你们！谨以此书献给所有我爱的和爱我的人，祝愿我的老师们、同事们、亲人们身体健康，万事顺心！

胡溢轩

2021 年 5 月